定位就是聊個天

讀透定位&溝通的底層邏輯，
為你開啟財富之門！

全網千萬粉絲的定位專家
顧均輝——著

讀者推薦語
Recommend

初看，定位不過是場閒聊，無意間相遇，心生歡喜；細思，已不再只是閒聊，而是心靈的碰撞，令人驚艷；後品，依然是那場閒聊，卻已讓我沈迷其中，無法自拔。

周力／西思醫療美容創始人

顧均輝戰略定位，企業前行的燈塔，聚焦差異成為第一，講好品牌故事抓住心智紅利，與顧均輝老師再同行20年！

李華／上海森佑電梯

顧老師用通俗易懂、輕鬆幽默的方式闡述了定位的原理，把高深的理論轉化為接地氣的大白話，讓我們明白產品上千差萬別、心智上千變萬化。學過定位之後感覺溝通和處理事情簡單輕鬆，而且高效多了。

駱慧蓮／創業者，浙江義烏，富年達絨對聯

定位讓我明白了人生的發展方向，顧老師看世界的宏觀視野和當下生活的真實態度，讓身邊的每個人都深受啟發，是現代社會的福音。

夏愛青／大益茶

失敗不一定是成功之母，成功才是成功之父！這是一本把底層邏輯用大白話講到天花板的書。「聊個天嘛，合作愉快」，一個關於生活，一個關於工作。讀一本書，明白人性的底層邏輯，讓人生開掛！

張再彬／雄正酒業

做產品要嚴謹，但傳播要「浪」，顧老師的品牌定位講解生動、易懂、易記。本書為此提供了贏取競爭的策略。我們的品牌逆勢增長皆歸功於此書！

吳玥麟／創業者，杭州聿樂家居有限公司

人生經歷的得失並不重要，享受的過程很重要，當我走進了顧老師的戰略定位，人生從此與眾不同。

茅鶴濤／江蘇南通

定位就是聊個天，把天聊好了，我們的錢包就會鼓起來；把天聊好了，我們的家庭就會更幸福。

李宏雲／創業者，成都漠洲教育

雞湯好喝，就怕碰到有毒的。聽顧老師聊個天式的講課真的很享受，初品好像喝雞湯，但卻後勁十足，說人話、接地氣、很受用。

賈大宇／創業者，正陽公關

定位是打造品牌核心，定位是找出差異性，實現差異化競爭，快速打敗競爭對手。定位不對，一切白廢！

梅芳／青島

學習顧老師的定位書籍和課程，感受就是「五個一」：一見鐘情、一聽就懂、一學就會、一直追隨、一生受益。

靳洪權／南京私營企業主

每個人的心智就像是一間只能進不能出的空房子，第一個進去的事物會將它牢牢佔領。就像你會記住這個有趣的比喻一樣，是顧老師讓我明白了這一點。

小賈同學／學生，深圳

微笑，是一把打開心扉的神奇鑰匙。調整不良情緒，一笑而過後全是坦然和灑脫。

黃華球／創業者，廣州，釗丹記商貿有限公司

顧老師的書籍與課程給我的最大影響是提升了我的商業思維，這是我在教室裡無法學到的，是我需要在職場花費很多年才能領悟到的。「將品牌打入潛在客戶心智」，是我們未來需要追逐的目標。

賈蕊／學生，波士頓

企業不懂定位就等於沒有戰略方向，缺少戰略聚焦的企業就像沒有舵的小船，找不到前進的方向。品牌沒有定位就等於白喊口號，客戶識別不了也記不住，宣傳了也等於沒宣傳。強烈推薦顧老師的這本書，讓所有的努力工作都能有成果、達預期。

明德／江蘇風和醫療器材股份有限公司董事長

你知道商戰在哪裡打響嗎？定位說第一戰場在心智，第二戰場才是市場，誰能代表你出戰？不是產品，而是品牌！

郭雲／創業者，南京

對於創業者來說，顧老師的定位實踐打開了思路，提升了認知，對企業接下來的戰略和頂層設計有非常大的幫助！

鄭鴻昊／杭州初新文化傳媒科技有限公司

感謝我的母親，讓我在這個年紀走進顧老師這樣高認知的課堂，讓我對自己未來的人生選擇有了更多維度，同時也非常憧憬自己可以把控未來。

姚亦辰／高三學生，浙江永康

用一句簡單的聊天語就能讓對方明白你是誰，你有何不同，並選擇你，這才是真正的定位！

李永才／企業家，重慶鑫仕達包裝設備有限公司

大道至簡，定位就是聊個天。在與顧老師輕鬆愉快的「聊天」中，感受到頂級戰略理論的智慧和魅力！

陳逸飛／CEO，上海徐氏（中國大陸）實業

通過定位實踐，7年實現銷售收入增長20倍。定位告訴我們品牌要進入心智，要給客戶選擇品牌的理由。定位就是定海神針，讓我們始終聚焦核心客戶，不斷創新，升級迭代核心產品，引領多功能防護服行業的發展！

李文輝／湖南永霏特種防護用品有限公司

走進定位的世界，跟顧老師學聊天，打破和提升了我和團隊夥伴們的認知，生活和工作都變得輕鬆愉悅了。希望顧老師的新書能夠幫助更多人。

徐麗娟／大連上方御膳商貿有限公司

做產品沒有品牌價值做不大，辦企業沒有定位走不遠，得到顧均輝老師正宗定位理論的指導，走得遠，做得強。

林普光／春光五金

追隨顧老師，從視頻、書籍、現場課到實際操練，歷時三個月，終得企業定位。從定位中看到了公司快速發展的希望。祝願顧老師的新書能夠助力更多的企業家！

劉洪／總經理，上海阿米特數據系統有限公司

如何在關係中不斷發掘自己內心真實需求，是我們坦誠相見的途徑，顧老師的「好好說話」，就是把我從自我執念中拔出來的那只手，讓我能擁抱這個世界的不同。

何青（Leah）／江西南昌，青檸檬餐飲管理有限公司

走進顧老師的定位課堂，經過多次訓練，確立了劉巧兒餐飲定位南通菜的戰略路線，讓企業走上了復興之路！與顧老師「聊個天」，讓我醍醐灌頂。

昝少華／南通劉巧兒餐飲董事長

創業者都有一個品牌夢，2018年我們用定位理念創立「時光站」品牌，給企業帶來巨大增長和用戶流量，成為抗衰老及預防疾病的醫療大健康行業的領導者，2019年營業額實現200%的增長。

覃華／廣州，大艾集團創始人，時光站品牌創始人

此書以輕鬆幽默的語言，為我們揭示了定位的奧秘，讓我們在市場競爭中成為第一。如果你想要成功定位自己的品牌，這本書絕對不能錯過！

陳柳濱／海陳升茶業有限公司

在極度競爭時代，定位定江山！學好顧均輝定位理論與實踐，不僅企業做得好，家庭也會更和睦。

倫哥／廣州天成川菜創始人

定位能夠幫助個人更清晰地認識自己，找到適合自己的發展方向，助力個人職業發展成功！

方堅／鎮江鍋蓋麵

在定位的指導下我們成功佔領了顧客心智，開創出城市溫泉樂園新品類。正如顧老師所說「誰更懂心智，誰就更能被選擇，誰就能賺到錢」，定位確實是賺錢的硬道理。

趙亦楠／北京正現文旅董事長

如果在當下還不懂什麼是品牌和定位，失敗是遲早的事。但如果讀懂顧老師的定位講解，相信我，你想輸都很難！在品牌發展過程中一定要懂得「把事做成一米寬、一千米深，而不要做成一米深、一千米寬」。理解其精髓，你將所向披靡！

胡雲深／SupBro鞋盒創始人，深圳世博時尚運動有限公司

企業、品牌、人生、家庭都需要解決同樣三個問題：我是誰？我要去哪裡？我怎麼去？定位理論給了我清晰的答案，讓我不再茫然。定位就是燈塔，就是一切開始的基石。我推薦每一位朋友學習定位。

宏泉／創業者，點泉創始人

在定位的世界里，選擇比努力更重要，選擇不對，一切白廢！如果你走進定位，講好故事，重啟財富命脈，你的工作和生活都會發生翻天覆地的變化，做生意也會順風順水！

楊如鳳／北京和信華成知識產權代理事務所

本書用通俗的語言、鮮活的案例、幽默的風格展現了定位的理念、方法，值得一讀。

劉仁明／成都，南格爾公司董事長、亨特醫療創始人

受益於顧老師的定位，公司在疫情後逆勢發展。定位不是花幾代人的歲月成為玉，而是用一代人的時間成為他山之石。

孟德玉／南京，創業者，孟令軍炒貨

與顧老師結緣3年，現在全家一起學定位，遇見問題或矛盾就用定位來化解，和諧又高效，就是聊個天嘛！孩子也養成了定位思維，溝通交流完全是與眾不同，碾壓同齡人。

賈貴林／雄正紹興公司

讀一本好書，就是與高維度的人聊天。推薦大家閱讀顧老師新書《定位就是聊個天》，用聊個天的功夫提升心智認知，贏得競爭。

劉虹／贛州尚祐資產管理有限公司

跟顧老師學習如何「聊個天」，對我們管理企業、市場營銷以及如何與客戶打交道都有很大幫助，同時也幫助我們更好地應對生活中的溝通問題，讓我們用「玫瑰」般的語言去演繹藝術人生！

張桂琴／廊坊柏思諾家具有限公司董事長

定位真的很神奇！幾次課聽下來，很有感覺，但真正要落地，又有點茫然，不知道怎麼做。看來專業的工作還是需要專業的人來做！感謝顧老師團隊給予我們相當大的幫助。

潘紅軍／紹興晟聯公司

好書是人生的導航，正確的理念指引了我們人生的航道。《定位就是聊個天》能夠幫助大家找到人生定位，奔赴自己的夢想！

胡平／合肥，創業者，巧焙樂食品

我很榮幸能走進顧老師的定位世界，讓我的認知有翻天覆地的變化，更讓我的思維邏輯有突破性裂變。希望大家都能夠走進正宗定位，一起成長。

朱海明／清遠，海潤匯貿易

作者序
Preface

非常高興能寫成這本書，作為一位長期從事定位傳播、推廣與諮詢的專業工作者，我首先是「定位」的受益者。

在加入屈特公司之前，我已經是工作多年的外企高管，而我能放棄過往是因為我明白──定位的理念指導幫助我取得了過去的成績。我堅信，定位還能幫助我創造更大的未來，也能幫助到更多的人。

定位讓我贏得了老闆的賞識、客戶的認同、家人的支持。2012年，我加入屈特公司，之後我創辦了自己的顧問公司，開始傳播、推廣定位戰略，為中國大陸企業護航。

迄今為止，我已經開班講課一百六十餘期，一萬多人走進了我的定位課堂，其中不乏金嗓子集團董事長江佩珍這樣的知名企業家。我為數百家企業做了定位戰略諮詢，包括伊利金領冠、百度好看視頻、利郎 男裝、台鈴、新潮傳媒、金嗓子等知名企業。

很多企業因我們的戰略定位護航打贏了商戰，贏得了市場地位。但我一直在想，如何才能以最大限度幫助更多人理解定位、接受定位、活用定位。

我一直在利用互聯網的各種平台推廣定位，讓定位走進千家萬戶。這些年來，越來越多的人學習定位，也有很多反映人「定位還是太專業了，還是不太理解。」我思來想去，定位的本質其實就是讓人認知你、接受你，而認知和接受就是好好說話，聊個天嘛！於是，就誕生了這本書。

定位就是聊個天！我希望用定位的理念幫助你打通溝通的底層邏輯，了解心智、了解差異化等定位知識，這樣你就能和任何人把天聊好。

把天聊好了，拉近你和他人的距離，你就能走進他人的心智。只要能在他人心智中得到認同，拒絕就能變成接受，難事就能變成易事，挑戰就能變成機會。

這本書，我只用了數個月書寫，但準備了二十多年。我一直在琢磨寫書的事，這期間數易其稿，一直在努力找到最好的角度去詮釋和表達定位，期望讓更多的人理解和接受定位，並受益於定位。

本書講述了我二十多年來求職、求事業、求家庭的過程中，如何學定位、想定位、用定位，毫無保留地分享了我的定位實踐、定位心得和定位成果。

定位，不只是知識，更是幫你打開新世界的鑰匙。走進定位，你就能體會：

嘴是我們一生的風水，好好說話是搶占心智的利器。

讓對方嗨是聊天的最高境界，笑臉是暢行天下的名片。

掌握定位，開掛的人生，你我同行。

本書作者 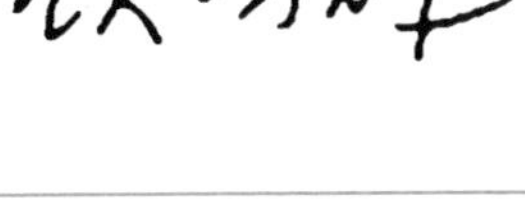

Contents
目錄

＋第一篇　為什什麼需要定位＋

+ 第二篇 定位是什麼 +

第 4 章 定位的底層邏輯

第 5 章 定位就是聊個天

+ 第三篇 定位聊企業 +

第 6 章 想做老大，走對這四步

第7章 讓競爭對手消失

第8章 讓客戶高興買單

＋ 第四篇 定位聊職場 ＋

第9章 吃飯是需要技巧的

第10章 讓老闆成為你的貴人

＋第五篇 定位聊家庭＋

第11章 老婆永遠是對的

第12章 對上要孝，對下要慈

＋ 第六篇　定位聊個人 ＋

第13章 不打通心智，將一事無成

第14章 定位助你逆襲人生

第一篇

01

為什麼需要定位

認知決定生死

第1章

賺錢越來越難了

商戰的本質不是產品戰，而是認知戰

01
誰拿走了最大蛋糕

＋ 60後是最富有的一代 ＋

中國大陸從1978年到2020年，歷經四十多年的改革開放，創造了巨大財富。問大家一個問題：「50後（註1）、60後、70後、80後、90後，哪個群體拿走了中國大陸最大的財富蛋糕？」

有資料顯示，截至2020年，中國大陸前一百位頂級富豪中有四十七位是60後，二十六位是70後，十五位是50後，四位是80後，90後沒有。

為什麼最多的是60後，而不是50後呢？1978年開始改革開放，最早的50後在當時是28歲左右，正是敢闖敢衝的年齡，怎麼會落後60後、70後這兩代人呢？

有個很重要的原因是，1980年代的社會觀念崇尚「鐵飯碗」，人們不敢也不想冒險。當時的50後若有相對穩定的飯碗，在那個年代勇於創業經商，並不被認為是一件很厲害的事。對於創業，50後的思想相對來說是保守的。

第一批創業潮是1992年。有一批人從體制內走出去創業，這一批多為60後的年輕人。

第二批創業潮是2001年到2010年。2001年，中國大陸加入世界貿易組織（WHO），那時人均GDP剛過1000美元。2007年，中國大陸超越德國，成為世界上第三大經濟體。到了2010年，中國大陸已經超越日本，成為世界上第二大經濟體。2001到2010這十年，是中國大陸經濟蓬勃發展的十年，60後、70後的人們不斷地在這段期間裡經商、創業，所以他們拿到了最大的財富蛋糕。

對於創業這件事，50後是保守觀望的一代，60後是打先鋒的一代，也因此他們是中國大陸最富有的一代，70後是次富有的一代。

而80後是承上啟下的一代，他們面臨的挑戰最大，也是最抗壓的一代。80後出生時的生活條件和60後、70後沒有太大差別，小時候吃的苦一點都不少。80後高考（註2）是千軍萬馬過獨木橋，大學畢業後進入職場或創業，正式進入白熱化競爭的時代。

1998年，中國大陸開始全面房改，房價快速上漲，80後一結婚就面臨高房價。80後養兒育女，各種教育培訓班如雨後春筍般到處都是，內卷（註3）嚴重，他們又碰上經濟觸底爬升，企業裁員專挑35歲以上的族群，又是80後。

自此，人們對於80後有個形容，說他們像打不死的「小強」。

從90後開始，真正的富二代出現了，但他們面臨三個挑戰：

第一，原生家庭的挑戰。

90後出現了人群分化。中國大陸最富裕的兩代人分別是60後、70後，他們的人財物資源傳承給90後，家裡有錢與否，決定了他們不同的人生起點。

第二，職場的挑戰。

今天各大公司的中高階主管大多是80後，他們影響了90後的職場升遷之路。90後能擔任中高層職位的企業，一般都是網路產業、新媒體產業，但在大部分的傳統產業中，80後仍是職場主力。

第三，養老的挑戰。

隨著高齡化程度的提升、出生率降低，90後面臨了單純靠退休金難以養老的挑戰。這就是今天國內競爭的分布狀況。

小結一下就是：50後及更年長的奮鬥者逐步淡出人們的視線，60後僅占個位數百分比，70後大約占20%，80後是主力族群，90後緊追在後。

註1 50後是指1950年到1960年之間出生的人，後文以此類推。

註2 高考的全稱為「普通高等學校招生全國統一考試」，即為大學聯合招生考試。

註3 內卷原為社會學用語，後引申為付出大量努力卻因遞減定律而得不到等價的回報，必須在競爭中超過他人的社會文化，帶有惡性競爭的涵義。

+ 今天創業，靠什麼贏 +

50後、60後、70後創業，可以說是從一根油條開始的。

當時的人們只要能吃到一根油條就很滿足，絕不會像現在的我們嫌棄油膩。那個年代的人，只要勤勞就能致富，無論是一根油條、一個包子、一碗麵，只要你能端上桌，就能被消費者買單。

當時不僅是正貨，次等貨也可以賣掉。1985年，海爾的張瑞敏怒砸冰箱，砸了個次等貨轟動中國大陸（註4），就是因為次等貨也可以賣啊！我到現在都記得家裡買的鍋子，上面明顯有個劃痕，但母親說這不影響使用。在那個年代，只要你能生產東西，就可以賣。

80後、90後創業的時候，我們的早餐樣式已經非常豐富了，想吃什麼都有，有各種小吃店。所以不同於上一代人的創業從一根油條開始，80後、90後的創業，是從滿漢全席開始的，做任何東西都很難吸引人。

這世代創業的挑戰越來越大，賺錢也越來越難。跟你做同樣的點心、包子、麵條的人實在太多了。也就是說，消費者的選擇太多了，所以你的東西越來越難賣了。

註4 海爾於1985年以第一台四星級冰箱打開知名度，是中國大陸最大的家電生產企業，一直堅持嚴格品管。其後因消費者反應冰箱品管不佳，創始人張瑞敏徹查出廠內尚有七十六台次等貨，便下令由製造者親手砸爛冰箱，為使品管意識扎根於員工心中。

「一根油條」是饑餓經濟，「滿漢全席」是飽和經濟。

50後、60後、70後創業的時代，我們可以稱為「產品時代」。他們創造了一個奇蹟就是「中國製造」，也為中國大陸掙得一個名號「Made in China」，他們的創業把中國大陸的產品推向了世界。

改革開放後，他們是第一批貢獻者，在全世界打響了中國產品和中國製造。他們是在一個看得見的市場中創業：只要在工廠中生產出來，然後鋪向通路就可以賣出去。他們同時完成了財富的原始累積。他們的第一桶金是在工廠和市場打拚出來的，所以深植於他們腦中的經營理念是：「愛拚才會贏，天道酬勤。」

50後、60後、70後靠產品，在工廠和市場拚，贏得了財富。

那麼問題來了：80後、90後、00後靠什麼，在哪裡拚才能超越50後、60後、70後？

如果你回答不了這個問題，想要創業就會很難。

＋ 今天的戰場在「心智」＋

回答這個問題之前，我們先做個小遊戲：寫出你能記住的瓶裝水品牌，看看能寫幾個。

根據我在定位課堂上的測驗，能寫出七個以上的人，少之又少，五個以上的不超過10%，絕大部分的人只能寫出三個或以下。

瓶裝水屬於消費頻率高的產品，或許你根本寫不出幾個品牌，如果是不常消費的品項，能寫出來的就會更少。

看看你寫下的瓶裝水品牌，第一個是你最有可能買的，第二個是你次有可能買的，第三個以後你可能就不會買了。

所以，在這個時代創業靠什麼、在哪裡拚？答案是「**靠品牌，拼心智**」。心智，是定位的核心概念，你可以把心智理解為「大腦」。

50後、60後、70後靠產品在市場拚品質，80後、90後、00後靠品牌在心智要拚什麼？

在我十多年的定位教學和實踐中，我問過無數企業家，有的人說拚體力，有的人說拚創意，有的人說拚流量，有的人說拚年紀，回答五花八門，都不是。我先說結論吧，拚「認知」。

繼續以瓶裝水來舉例。農夫山泉是被最多學員們寫下的品牌，也是中國大陸賣得最多的瓶裝水，被記住的是「有點甜」。

但是，它真的甜嗎？不重要。你覺得甜，很重要。

在飽和經濟的時代，產品很難分優劣，但認知可以分高低，而且認知很有規律：**第一個被消費者記住的，就是賣得最好的；第二個被消費者記住的，就是賣得第二好的。**

同類的產品，誰在消費者心智中創建了「認知」，誰就有市場。

以水為例。有個品牌叫娃哈哈，賣過濾水，賣得很好。又有一個品牌，將水過濾二十七次，叫樂百氏，也賣得很好。還有一個品牌，賣蒸餾水，叫屈臣氏，賣得也還可以。

可是消費者喝得出它們之間的區別嗎？很難！

後來，康師傅也賣起礦泉水，概念很好，但就是名字讓人總覺得有一股速食麵的味道。

接著，農夫山泉上場了，它說：「我們不生產水，我們只是大自然的搬運工。」並在消費者的心智中創建一個認知：農夫山泉有點甜。

農夫山泉真的甜嗎？你說了算。「甜」走進消費者心智了，農夫山泉一下子就成為瓶裝水的老大，賣得是真的很好。

百歲山發現了商機，它說我也是天然水，是天然礦泉水，所以要貴一點。百歲山訴求「水中貴族」，所以農夫山泉賣人民幣2元，他就賣3元。但這兩種天然水，大部分消費者喝得出來誰是誰嗎？

故事到這裡還沒結束。今麥郎[註5]董事長范現國，聽完我的課程後就說：「他們賣的都是生水，我賣熟水，北方叫涼白開。」於是就有了今天的今麥郎涼白開。賣得不錯，按讚！

不過，水的產品太多了。有誰真的能喝出來哪個是熟水，哪個是生水？哪個是過濾水、蒸餾水、天然水、礦泉水⋯⋯？

產品是喝不出來的，消費者唯一喝得出來的是「價格」。

產品層面的差異化千難萬難，心智層面的差異化千變萬化。

再次強調，**50後、60後、70後，靠產品在市場拚品質，80後、90後、00後靠品牌在心智拚「認知」，而認知決定生死。**

註5 今麥郎是以販賣泡麵產品起家的中國大陸企業，其後另開飲品分公司。

＋ 香飄飄以弱勝強 ＋

今日戰場在心智，品牌在心智拚認知，聽起來很神奇，不太好理解。在這裡先講一個定位的實踐案例，詮釋何謂「心智之戰」，這是廣為人知的香飄飄繞地球幾圈的故事。

故事從2004年講起，浙江湖州蔣先生研發了杯裝奶茶。有一次外出，蔣先生看到馬路上有很多人排隊買珍珠奶茶。他想：「是不是能做個杯，拿水一泡，就可以隨時喝，不用排隊了？」於是他找到浙江一所大學開始研發，不到六個月，杯子就做出來了。蔣先生是浪漫的個性，他取了個好名字──香飄飄。

隨後他在無錫某大學做測試，在校園裡找了地方，擺很多杯裝奶茶，學生下課一出來，他就立刻沖泡，瞬間香氣四溢。你想想看，在秋冬季節裡，突然在冷風中聞到了甜甜的香味，手裡捧一杯暖暖的奶茶……多麼誘人，這使得香飄飄一出場就獲得了大學生和市場的肯定，產品賣得很好。

2005年，香飄飄參加了四川糖酒會，一亮相就引起熱烈反應，馬上有五十多家工廠跟進這個市場，其中有三大廠：第一個是優優優，它的背後是喜喜喜集團，有幾十億的銷售額，不僅販售果凍，還有海苔；第二個是立頓；第三個是香約，為浙江當地的大品牌。

優優優對香飄飄造成了很大的壓力，它投入重兵並發出豪語，兩年之內五重封殺拿下香飄飄。

第一重，明星封殺。

香飄飄當年請的是中國大陸知名女演員陳好，優優優請的是頂流明星代言，能量高下立判。

第二重，投入封殺。

以廣告費為例，優優優投入三倍以上的資源，香飄飄如果投100萬，優優優就投300萬。

第三重，媒體封殺。

當年香飄飄在浙江某電視公司下廣告，優優優隨後和該公司說：「香飄飄投多少，我就投它三倍的廣告量，剩下的你懂的。」

第四重，通路封殺。

喜喜喜集團旗下果凍和海苔幾十億的銷售額，是在無數的通路中鋪出來的成果。喜喜喜對通路放了話，如果鋪設優優優，就會給通路更多的支持。

第五重，銷售封殺。

優優優的銷售人員數量是香飄飄的數倍，不僅企業有實力，股東也有實力。

五重封殺下，短短兩三年，優優優的銷售額迅速逼近香飄飄，雙方打得不可開交。如果2008年香飄飄的銷售額被優優優超越，從此江湖將再無香飄飄。

市場上殘酷的奶茶白刃戰，讓蔣先生開始另謀布局。他投了3000多萬，引進一條即食年糕生產線，這是個新賽道，蔣先生的確善於創新；爾後又投了1200萬，建了一條果汁生產線；他還開了兩間奶茶店，並在當地做房地產。這些布局早在2007年就做了，由此看得出，蔣先生是有想法和遠見的。

不僅如此，蔣先生是睿智的。2008年香飄飄啟動了定位戰略，他就果斷放棄速食年糕和果汁生產線，也不再做奶茶店，集中所有的人財物，在定位的護航下，打了一場漂亮的心智之戰。蔣先生選擇相信定位，這才有了我們今天看到的香飄飄。

這場商戰，從市場上看，香飄飄難有翻身的可能。因為優優優的實力太強了，光靠產品很難分出高低，而且優優優的通路鋪設更廣，明星更大牌，香飄飄似乎處處不利，是個弱者。

可是大家知道嗎？換個戰場，在心智戰場，香飄飄卻是一個強者。香飄飄是杯裝奶茶的創始者，多年來不斷下廣告，在消費者的心智中，香飄飄率先卡位了，而且銷量在市場上依然領先，顧客也能感知到。在這場心智之戰中，香飄飄率先創建一個認知，告訴消費者「香飄飄是老大」，於是這場看起來不可能獲勝的商戰，它打贏了。

2008年，香飄飄打出了第一個定位廣告：

香飄飄，一年賣出3億多杯，

杯子連起來可繞地球一圈。

好味道，當然更受歡迎。

香飄飄，連續五年全國銷量領先。

2009年，香飄飄繼續繞圈：

香飄飄，一年賣出7億多杯，

杯子連起來可繞地球兩圈。

好味道，當然更受歡迎。

香飄飄，連續六年全國銷量領先。

2010年，香飄飄繞得更多了：

香飄飄，一年賣出10億多杯，

杯子連起來可繞地球三圈。

好味道，當然更受歡迎。

香飄飄，連續七年全國銷量領先。

三圈繞下來，香飄飄和優優優的差距就拉開了。順便說兩個香飄飄的花絮。有一位消費者寫電郵到公司：「我算了一下，香飄飄一年賣出3億杯，杯子連起來繞不了地球一圈。」我們回覆他：「你是豎著連的吧，橫著連再試一下。」很快地，這位可愛的消費者回覆說：「這下可以繞了。」

這個花絮的啟示是：**定位不鼓勵造假。**當你在市場上越做越大，就會有越來越多的客戶關注你，關注你說的每一句話。所以，**定位從一開始，就要認真對待每一句話。**

有一次我們走訪市場，看到一位年輕媽媽帶著女兒買香飄飄，我走上前說：「妳們的奶茶錢我付，但想請教一個問題，妳為什麼買香飄飄呀？」年輕媽媽說：「我女兒最喜歡香飄飄了，因為它喝起來更絲滑。」

這就是老大的光環。在產品層面，香飄飄和優優優哪個更絲滑，其實很難區分出來；在心智層面，定位創建了「香飄飄是老大」的認知。消費者崇尚老大，老大自帶光環。消費者買香飄飄，就像大家喝蒸餾酒中的茅台，因為茅台是老大。

消費者心智中的老大，就是市場上的銷售冠軍。

打贏競爭的是認知，而不是產品，香飄飄在消費者心智中賣得更好，這是香飄飄打贏商戰的核心。優優優是優秀的，無論產品、團隊、通路等，打輸的原因只是它沒有意識到：**商戰的本質不是產品戰，而是認知戰。**

02 賺錢是硬道理

＋ 飽和經濟時代的到來 ＋

整個人類社會從技術形態來分，可以劃分為三個階段：原始社會、農業社會和工業社會。

原始社會歷經數百萬年，人類完成了從爬行到直立。約一萬年前，人類進入了農業社會。1760年前後，人類進入了工業社會。1949年新中國成立，我們步入了工業化。第一個階段是1949年到1978年，這三十年為中國大陸打下了重工業基礎。第二個階段是1978年改革開放至今，我們開啟了全面超越。

2007年中國大陸GDP超越德國，成為世界第三；2010年，中國大陸GDP超越日本，是世界第二。2010年，中國大陸工業GDP超越美國，這是人類進入工業化時代後，首次有國家在工業GDP上超越美國。

我們要感謝50後、60後、70後，當然也包括他們前面的長輩們，是他們創造了中國奇蹟，將中國產品帶向了全世界。

從「一根油條」走向「滿漢全席」，是他們的功勞，但同時他們也將中國大陸帶入飽和經濟時代。

＋ 定位，給消費者一個買你的理由 ＋

定位是專為「飽和經濟時代想賺錢的人們」而誕生的，這個理論一出世就得以蓬勃發展。

1969年，傑克・屈特在美國《工業行銷》（*Industrial Marketing*）雜誌上發表了一篇名為〈定位：同質化時代的競爭之道〉（*Positioning is a game people play in today's me-too market place*）的文章，首次提出「定位」概念。

1981年，屈特與合著者共同推出《定位》一書，2010年推出封筆之作《重新定位》。他一生寫了十三本書，形成了「定位理論」，同時提出一個概念：在飽和經濟時代下，商業競爭的本質不是在看得見的戰場——工廠和市場，而是在看不見的戰場——心智（即大腦）。

在人類歷史上，第一次有人在經濟學這門學科中提出，戰場是無形的概念。屈特先生指出，**心智決定企業的生死，也決定了每個人的人**

生成就。這就意味著，你的職場需要定位，你的家庭需要定位，你的人生同樣需要定位。

《定位》首要提出「兩個戰場」概念，一個是看得見的市場，一個是看不見的心智。優優優將產品鋪向市場，而香飄飄品牌決戰於心智。

如果你只懂「看得見的市場」這個戰場，卻不理解或不知道還有另一個心智戰場，那在飽和經濟時代的今天，你很難打贏眾多競爭者。這是屈特先生對經濟學這門學科的巨大貢獻！

打贏商戰的法寶就是，你需要給潛在消費者一個買你而不買對手的理由。根本原因就是產品太多了，消費者為什麼要買你的產品，你得給個理由！香飄飄的答案是「我是杯裝奶茶老大」。

定位就是一個購買理由，這是定位最直白的表述。

＋ 想賺錢就得讓消費者選擇你 ＋

我有一段親身經歷。美國的波士頓有一個全美最大的牛仔褲城，裡面可能存放十萬條以上的牛仔褲。進去那城的第一感覺就是「大腦一片空白」，該怎麼選呢？有十萬條牛仔褲擺在你面前的時候，頓時就會感到窒息、抓狂。我發現不管怎麼選都不滿意，因為一定有一條更適合我的牛仔褲，但還沒被我看見。

我的大腦迅速做出決策，告訴我：「別選了，直接找你熟悉的那兩三個品牌。」然後，我選了自己的尺碼，試穿了兩三件，放入購物車，結帳走人。

你會發現產品越多，選擇越困難。慢慢地，過多的產品就會迫使心智發生變化，於是新的心智選擇模型就誕生了。人們要嘛選擇低價，要嘛選擇自己認定或者熟悉的品牌，然後對其他牌子視而不見。

有一次，我在國內訪查市場，有件事情讓我印象特別深刻。當時我在山東臨沂做一個速食麵的市場調查，這是山東省地級市（註6）人口最多的城市，大約有一千一百萬人口。

我去了一個集貿市場，想考察當地的民生消費用品市場。在市場調查的過程中，想買瓶水喝，就到集貿市場的水吧──專門賣民生消費用品的地方。

我看到農夫山泉，很自然地用手指著它，正要說「來一瓶」的時候，突然闖進來一位年輕人，他急忙地對店員說：「我要一桶康師傅」，手還指著商品，我順著他的手看過去時，突然發現他指的那桶麵上明明寫著「統一」，並不是「康師傅」！

這代表在那位年輕人的心裡，「康師傅」勝過「統一」給他的印象，占據了消費者心智。產品明明鋪向了市場啊，但只要心智中沒有，消費者就不會選擇，這就是定位說的「心智決定生死」。

對企業來說，品牌一旦進入消費者的心智，那就等於在消費者心智中挖了一口油井，源源不斷的財富就來了。

2010年後，企業一直處於這種悲喜交加的情緒當中。喜的是，如果品牌被消費者記住，就能得到穩定成長的收入；悲的是，如果品牌沒有進入消費者的心智，即便產品鋪向市場，依然賣不出去。

更要進一步強調的是，即便品牌被記住，也需要一個獨特的購買理由，否則還是難以持續。其背後的直接原因就是：產品太多了。

加上網路和智慧型手機的普及，資訊呈現幾何級數的成長。十年間，網站的數量翻了一千多倍，迅速進入了資訊爆炸時代。我們既處在資訊的海洋中，卻也處在資訊的垃圾圍城中。

有專業人士做過調查，在北京、上海、廣州、深圳這樣的一線城市裡，每個人每天會看到多少則廣告？

每天一早，你開始用手機的那一刻起就可能出現廣告，坐公車、坐地鐵會看到公車廣告、地鐵廣告和戶外廣告，到辦公室會看到大樓廣告，打開電腦以後會看到網路廣告……直到你下班回家後躺在床上，在聊天群組裡和大家道晚安，到閉上眼睛睡覺為止，大家猜一猜，你一天能看到多少則廣告？

近十五年來，我不斷在問這個數字。有的人說能看到幾則，有的人說看到了十幾則，有人說一百多則吧！據專業調查公司資料顯示，在一線城市裡，每天映入眼簾的竟有三千多則廣告。

註 6 山東省地級市是中國大陸的第二級行政區劃單位，屬於地級行政區，是由省、自治區所管轄。

因為廣告眾多，我們根本記不住，也不認為看到了這麼多則廣告，大多數人可能只記住了幾個心智中已有品牌的廣告。

究其原因，在於消費者的「心智過濾系統」發揮了作用，心智自動遮罩功能讓你視而不見，過濾掉你心智中沒有的資訊。

行銷大師屈特提出了一個非常有意思的概念：**心智只會記住大腦裡已有的品牌。**這代表一個新品牌要進入大腦太難了，那麼多新創品牌，心智記不住的主要原因是「大腦裡沒有」。所以，如何進入大腦就變成非常有挑戰性的事，從0到1極其有難度。

當然，還有一個動作也恰好解釋了資訊氾濫的現象，那就是封鎖。你會拒絕再收到某類資訊，也就是你會封鎖別人，同樣地，你也會被別人封鎖。這一切都是因為智慧型手機的普及。

定位就是要講，**如何在不被封鎖的前提下進入消費者的心智，被廣大潛在消費者記住。**

在這個時代，消費者的選擇太多了，消費者掌握了選擇的主動權，這與80、90年代相比，形成了180度的大逆轉，現今的企業幾乎都處於「被選擇」當中。飽和經濟就這樣在中國大陸以迅雷不及掩耳之勢，只用了短短的三十至四十年內就衝到我們面前。產品過剩、資訊爆炸是飽和經濟最明顯的兩個特徵，那麼現今的創業家、企業家，我們該怎麼存活呢？

世界在變，商業社會已經從饑餓經濟時代走向了飽和經濟時代，從「一根油條」走向了「滿漢全席」。因此我們要深刻理解飽和經濟時代帶來的巨變：

第一，產品不再稀缺，而是產品過剩。品質不再是企業的核心競爭力，而是基本要求。

第二，資訊不再匱乏，而是資訊爆炸。人們開始排斥資訊，充耳不聞是常態。

第三，產品的選擇權已經由企業轉向消費者。不是企業生產什麼就能賣掉什麼，而是消費者選擇什麼才能賣掉什麼。

在這種瞬息萬變的商業環境下，如果你還不變，還在用80、90年代的商業思維，那麼你最大的感受應該就是賺錢越來越難，利潤越來越薄。慢慢地，你就變成了「溫水裡的青蛙」，逐漸被市場淘汰出局。

如今最大的危險不是賺不到錢，而是你沒有意識到需要改變。領導者首先要面對的就是：「世界在變，我該如何布局？」

第2章

理念不對，方法全廢

財富是一個人認知的變現

企業經營的環境發生了巨大變化，所面臨的挑戰也隨之改變，在現今極度競爭且飽和的狀態下，「該怎樣存活下去」變成每個企業不得不好好重視的議題。

按照定位的基本法則，首先要有一個正確的理念：理念不對，所有的方法都不會有效，甚至方法越多越倒退，因為可能會適得其反。

舉個例子，我們經常說要活就要動，但也有人不這麼認為，那麼人活著到底是多動還是不動？這就是一個理念問題。如果你認為是前者，那麼顯而易見，就有很多種方法來實現你的理念，像是跑步、游泳、上健身房。

理念是能催生方法的。在目前的商業環境裡，中國大陸大多數企業內卷得很厲害，每個人勤奮好學地不斷找答案。你會看到各大高等院校、各大商業機構或者各大培訓機構，都在教大家能讓企業高速成長的方法論，加上現在網路發達，各大線上機構也有很多人做知識分享、方法分享。

但有個問題，方法本身是無窮無盡的，我們不知道有多少方法在前面等著我們，先建立正確的理念反而比尋求方法更重要。

理念不對的話，學的方法越多，反而越麻煩。這也是我們經常開玩笑講的一句話，就是：「如果你不讀書，你會被人騙；可是你讀了太多書，你就會被書騙。」也就是說，**首先要確定你自己有一個正確的理念，即走在一條正確的路上。**

我太太的理念就是靜勝於動，她也是堅定的執行者，更理直氣壯地認為，烏龜很少活動就活了千年，而人類天天奔走、天天活動卻活不過百年。因此，看劇、靜坐就是她的常態。

我太太吃完飯的第一件事情就是躺平，她最舒服的生活狀態就是躺在沙發上，然後兩腳翹著，此刻她就覺得人生圓滿，是她的個人理念。

其實商業也是一樣，需要理念。

有些企業家認為好產品自己會說話，品質決定選擇。有人卻認為做好產品、保證品質只是基本要求，僅憑品質無法打贏競爭。

這就是理念的問題，也是企業家的商業底層邏輯，它決定了企業的生存、發展和未來。

再比如，有的企業家認為產品一定要豐富，得開發更多產品來滿足不同消費者需求。可是也有企業家認為最強單品戰略是可以成功的，一個最強單品可以做出上億、上十億甚至上百億的銷售額。

你贊同哪一個？

有沒有發現，當你具備不同的理念時，你的企業營運方式是完全不同的。現在就來聊聊——什麼樣的理念會帶來什麼樣的結果。

01
產品很好，賣得不好

中國大陸四十多年的改革開放成就了後幾代人，也就是奮鬥在市場上的40後、50後、60後、70後的企業家，甚至包括80後、90後，總結一點你會發現，他們都是從饑餓經濟時代走過來的。

在物質短缺時代接受教育、創業和成長的中國大陸企業家，形成了一種根深蒂固的認知，就是只要我有好的產品，那麼順著這個產品我就能找到客戶，也就是前文提到的「好產品自己會說話」。

即便已經進入飽和經濟時代，這種想法在很多企業家的認知中還是普遍存在。他們還在順著過去的商業思維——饑餓經濟時代留下的認知繼續行走，自己卻全然不知。

正是這種全然不知，給這一代企業家，以50後、60後、70後為代表，留下了強勢中不可逆轉的弱勢。

強是指他們累積了強大的人財物等資源，弱是指全然不知，這給了

80後、90後、00後等中國大陸新生代超越他們的機會。

＋ 某某冰泉為什麼賣不好 ＋

中國大陸的某個冰泉品牌就是一個典型案例。從2013年起，該品牌一上市，定位就判定它會失敗。

一開始，定位界把相關的觀點發表在大眾媒體上。定位界有人提出來要跟某某冰泉打1億元的賭。當然，這場賭約只是單方面提議，並沒有得到回應，所以最後也無法兌現。

當時定位觀點對某某冰泉有「一個確定」和「一個不確定」：確定的是，某某冰泉肯定做不成；不確定的是，該品牌什麼時候會退出。

某某冰泉的商業理念，就是典型的「好產品自己會說話」的邏輯。

第一，它擁有最好的水源地。某某冰泉是這樣說的：「黃金水源——長白山與阿爾卑斯山、高加索山一併被譽為世界三大黃金水源；深層火山岩冷泉——經過深層火山岩長期磨礪、循環、吸附、溶濾，自然湧出，水溫常年保持7°C左右；天然弱鹼性水——pH值接近人體內環境數值，有助維持正常的滲透壓和酸鹼平衡。」

第二，某某冰泉有錢，採用土豪式的打法。引進頂級生產線，一流設備，全自動生產：採用技術領先的德國「克朗斯(註1)」和法國「西得樂(註2)」生產設備，從取水、淨化、吹瓶、灌裝、貼標、包裝到倉

第一篇　為什麼需要定位

儲，各環節都能實現全自動生產。

品質追溯系統：獨創「一瓶一碼」品質追溯系統，每一瓶都有唯一的二維碼，真正實現從水源到生產資訊的有據可查，實現品質溯源。從源頭取水，封閉灌裝：全封閉引流天然礦泉水，直接在源頭引流取水灌裝，避免二次汙染，保證水的天然品質。

第三，某某冰泉建立了強大的營運團隊。

第四，開拓了強大的分銷系統，用公關廣告打造強大的聲勢。某某冰泉為了拓展鋪貨通路，甚至在夏天打出送冰箱活動。我們都知道，消費者在夏天都喜歡喝冰鎮飲料，某某冰泉不惜讓所有通路送冰箱，藉此拓展其銷售。由於出身豪門、不缺錢，事事都做到極致，媒體稱某某冰泉是含著「金湯匙」出生。

我們梳理某某冰泉的商業思維就會發現，由於擁有最好的山區水源地，採購了最好的生產設備，也就有了最好的產品──某某冰泉。順著自己的產品，某某冰泉就能找到它所要的最終用戶，就是想喝優質礦泉水的人。

某某冰泉經過市場調查發現，中國大陸消費者眾多，有優質礦泉水

註1 克朗斯（Krones）是PET塑膠瓶、玻璃瓶、易開罐罐裝設備生產商。

註2 西得樂（Sidel）的主要產品為吹瓶機、灌裝機及後端設備等。

需求的人數非常多。似乎萬事俱備，只欠某某冰泉這個東風了。於是，某某冰泉用高價打造強大的明星代言人隊伍，六個月內就請了八位國際明星代言。某某冰泉借助自己東家的房地產資源打通了通路，大手筆投入公關資源和廣告費，聲勢非常浩大，這股強大的「東風」就這樣刮起來了。

在某某冰泉看來，想不成功都難啊！

如果放在饑餓經濟時代，我相信這一定是個非常經典的商業案例，而且我相信某某冰泉一定會獲得巨大的成功。

遺憾的是，某某冰泉什麼都做對了，唯一不對的是出生時間，它面臨的是飽和經濟時代，所以這套打法無效。

＋ 在這個時代，你要進入消費者心智 ＋

再好的產品，如果不能進入消費者心智，給消費者一個買自己而不買對手的理由，根本無法實現熱賣。

親愛的讀者，這種以產品為導向的典型打法，在今天註定遭遇失敗。尤其是當你所進軍的行業已有大品牌，產品思維成功的可能微乎其微。以由內而外的思維、以我做得到的精神，來思考商業營運的話，註定不會成功，某某冰泉就是如此。

其實正好相反，在飽和經濟的時代，我們必須先做出這樣的假設：

顧客不會買我們的產品，而是去買競爭對手的產品。尤其是那些已經占據消費者心智的競爭對手，它們的產品才是顧客的首選。

顯而易見，某某冰泉失敗的最重要原因是：商業理念不對。

某某冰泉的理念是產品好所以賣得好，而**定位的理念是消費者認為你好才能賣得好。打贏商戰不是靠產品，而是靠消費者對你的認知。認知大於產品，認知大於事實，因此得建立一個有利於你的認知。**產品只是基本要求，並不能決定勝負。

如果你能先確定「顧客可能不會購買你的產品，卻會購買競爭對手產品」的理念，這就意味著你必須以外部競爭為導向，研究你的競爭對手，你需要好好靜下心看看，在瓶裝水的世界裡是誰擋著你發財。中國大陸的瓶裝水品牌何止成百，可能上千，那麼消費者為什麼要買你的產品呢？你必須給消費者一個買你的理由，而這個理由不能只是「產品好」。

另外，「某某冰泉」是一個延伸品牌，因為在消費者的認知中，東家應該不是瓶裝水，而是房地產。消費者一看到東家，他不會想到冰泉，他首先想到的是房地產，當他喝這瓶水的時候，他可能會想到鋼筋水泥。

某某冰泉一出生，它就錯了。錯在產品命名，它應該跳開東家的框架，取一個跟瓶裝水、礦泉水有關聯的好名字。

＋ 為產品命名 ＋

定位理論說，一個好名字是成功的一半。如果創業之初，你能為你的產品取個好名字，那麼你已經走在打贏的道路上了。

通常我們認為，一個好名字的要素有三：

第一，名字要反映產品的屬性。假設你是製造汽車的，先不管車子本身做得怎麼樣，但取名叫奔馳（Mercedes-Benz），聽起來是不是就覺得很不錯？叫寶馬呢，是不是也很好！叫悍馬呢，聽上去也很酷！叫野馬呢，是不是很狂飆！因為一想到野馬，似乎就感覺到它的澎湃，仰天嘶叫、馬力十足、很狂野，的確是個非常好的名字。

相反地，如果汽車的名字叫大貓熊，你覺得怎麼樣？雖然大貓熊是超級可愛的國寶級動物，但你會不會覺得這汽車好像就不是開過來的，似乎是挪動過來的。

如果這汽車叫烏龜呢？你會不會發現這車幾乎要跑不動了，不管怎麼踩油門，你總會覺得它很慢。

我第一次看見「順豐」的時候，就認定這個企業將來一定會做得很好。做快遞的企業叫順豐，這名字取得妙。果不其然，順豐一直是快遞行業的「強者」。名字取得好，就有很大的機率會讓你賺得盆滿缽滿。

第二，名字字數是二優於三，三優於四。名字要盡可能短。兩個字好過三個字，三個字好過四個字。

我們會發現，一個品牌在三個字以內，人們還會完整地說出來，比如寶馬、奔馳。但如果你的品牌是四個字以上的，那就麻煩了，顧客通常會把你的名字分割掉，因為叫起來費勁。

一個特別典型的代表就是阿里巴巴。想一想，我們平時叫它「阿里巴巴」嗎？大多數人可能更習慣叫它「阿里」。

第三，好名字要聽起來琅琅上口，而不是看上去栩栩如生。因為，耳朵比眼睛離心智更近。

曾有心理學家做過實驗，拿一篇一百字的小文章給二十位受試者，其中十位看一分鐘，另外十位呢，找一個人讀給他們聽。

三個月以後，實驗者去回訪這兩組受試者，他們發現一個有趣的現象，那些看文章的人能記住的內容，明顯少於那些「聽到」文章的人，實驗證明：人們更容易記住聽到的內容。

也就是說，「聽」比「看」更重要。

知道了怎麼取個好名字，我們就來看「某某冰泉」這個名字。

用東家的名字並不能反映飲用水的特性，只會讓消費者想起房地產和鋼筋水泥，這真是一個糟糕的選擇，因為消費者的既定認知是很難改變的。

定位理論常說：**能改變自己，就是「神」；想改變別人，就是「神經病」，千萬不要嘗試改變消費者的心智。正好相反，要順著消費者的認知走。**現在你明白了吧，縱然某某冰泉再財大氣粗，它也很難打通瓶裝水市場。

產品很好卻賣得不好的故事，天天在國內市場和全世界上演。很多財大氣粗的人物或公司，他們跨界生產的各種產品，像汽車、手機等，大多數並沒有取得很好的成果。

很多靠著主業賺到錢的企業家，在轉型升級、跨界生產、做投資時，把主業賺來的錢虧掉了，有的甚至全部虧光。

這提醒我們一件事，以前賺錢可能是趕上了巨大浪潮。正是中國大陸四十多年連續成長，造就了很多人今天擁有財富的原因之一。是時代、是國家成就了個人，但我們每個人可能沒有自我認知的那麼優秀。

人們似乎並沒有洞悉創造財富的底層邏輯，否則，這些轉型、跨界、投資的虧損，怎麼會大規模地發生呢？

02
滿足需求是個坑

市場上確實有很多曾經靠滿足顧客需求獲得成功的企業。各位仔細想一想，它們是在哪一年起家的，以及它們最輝煌的時候是哪一年？你會發現，其實都是起家於饑餓經濟時代，而且它們最輝煌的時候也是在那個時代。

時至今日，大多數滿足顧客需求的企業開始沒落了。在飽和經濟的時代，為什麼滿足顧客需求是個坑呢？主要有以下幾個原因：

第一，只滿足企業原有的顧客。也就是企業本身能接觸到的、有限的顧客需求。這種頻繁和容易接觸，讓很多企業誤以為這些顧客的需求是社會常態，或者是大多數人的需求，可是事實並非如此。

即便是某個行業的領導者，通常也很難占到整個市場的20～30%。在市場上能有10%以上的市占率，就已具備老大的樣子了。

每個企業如果把選擇自己產品的這些顧客群，放到全社會、全市場上去看，他們仍屬小眾。以小眾的偏好來推測全體需求，進而引領企業資源的投放，這在本質上是一個由內而外的思考模式，很可能導致企業無法獲得想像中的成功。

第二，在現今的飽和經濟時代，產品數量爆炸式成長，資訊極其氾濫。你的確能滿足顧客需求，但會發現市場上所有的競爭對手好像都能滿足顧客需求，也就是說，同行幾乎在做跟你一樣或者可替代的事情，這將是一場災難。

顧客通常會貨比三家。廠商是賣貨的思維，產品好就應該賣得好；但顧客是買貨的想法，是因為賣得好，所以覺得產品好。更要命的是，饑餓經濟時代的諮詢理論也助長了滿足需求的戰略。

國外某著名諮詢公司的「標竿學習法（Benchmarking）」就是如此。鎖定行業最優秀的老大，以它為標竿，全方位地學習和模仿，希望藉此接近或達到甚至超越老大的目的。

這種戰略一度非常流行，但有個致命傷，就是模仿者可能永遠無法超越老大，它只能跟在老大的屁股後面吃揚塵。

但「定位」提出了一個完全不同的概念——**不是滿足需求，而是創造需求。**

大家要知道，顧客僅是使用者，他們對於產品是沒有創新責任的，他們沒有責任在更大的環境下、更強的競爭中來思考產品的創新。

例如，馬伕提出的需求是能不能找到一匹更快的馬，他不可能向企業提出能不能生產一部汽車的需求。在饑餓經濟時代的重點是滿足需求，可是在飽和經濟時代，定位提出了創造需求。

王老吉涼茶（註3）就是一個很好的案例。早期在做王老吉客戶市場調查時發現，大數據顯示多數的北方人不喝涼茶。因為在心智中，北方人對於涼茶的認知就是隔夜茶，喝了會拉肚子，所以北方人對涼茶沒有很強烈的購買需求。如果王老吉止步於此的話，也就不會有今天的輝煌了。

企業創新與定位不是消費者的責任，而是企業自己的責任。這也就是賈伯斯經常說：「我不做傳統客戶需求調查」的原因。

賈伯斯曾開玩笑說：「如果你問消費者會不會買一台4～5千元的智慧手機，大多數消費者應該都會說『不買』。」

因為賈伯斯推出iPhone之前，Nokia是那個時代的王者，他們的手機才賣2～3千元人民幣。想像一下，若當時的顧客聽到買一支智慧型手機竟要5千元時，做這個市調會得出顧客想買的結論嗎？

顯而易見，顧客不會產生購買的衝動。這就是賈伯斯不喜歡做饑餓經濟時代下需求調查的原因。因為賈伯斯相信，這很容易將企業的戰略引入歧途。

以競爭為導向，在顧客的心智中找到差異化，這就是我們說的「定

註3 王老吉涼茶是廣東加多寶飲料食品有限公司所生產的紅色罐裝涼茶，此品牌歷史悠久，在香港及海外也有其他同名品牌。

位」。搶占顧客的心智資源，是為了讓他們記住你的定位，記住你的差異化。

要做到這一點，管理者首先得把自己清空，不是由內而外地思考消費者需要什麼，而是反過來要在外部尋找更多的機會（這個機會，我們稱為空位），以此來牽引企業內部的營運。

這看似很簡單，其實執行大不易。這是對商業思維的顛覆，由內而外的思考模式轉變成由外而內。如果做不到這一點，你會發現你的經營越來越難。

當然，如果你能做到，未來必定會非常璀璨。

03 成果在外不在內

成果在外不在內是指，現今的企業想要取得好的營業額，得著力在企業外部，而不是在企業內部。

+ 解決內部問題不再有效 +

饑餓經濟時代管理者的經營理念是：「向內部挖潛力、向管理要效率。」中國大陸是什麼時候進入飽和經濟時代的？我個人判斷是2010年，這一年發生了兩件事情：

一是中國大陸的GDP超越了日本，躍升為世界第二；

二是中國大陸的工業GDP超越了美國，成為世界第一。

這都是非常厲害的事情。

自1894年美國超越英國成為世界上GDP最大的國家以來，人類歷史上出現過很多個第二，英國、日本、德國、蘇聯等，但從未有哪個國家的工業GDP超越美國，中國大陸實現了。

2010年，我定義為中國大陸飽和經濟時代的元年。

這也是很多人覺得上個世紀80、90年代的錢好賺、2000年之後有一段時間也不錯的原因。如前文所提，40後、50後、60後、70後能賺到錢，首先要歸功於我們國內幾十年的高速發展，歸功於這個偉大的時代，然後才是個人的努力奮鬥。

當然，那些盡心盡力想把企業打造好的老闆及高階主管，自然而然地會把時間、精力、資源等都投入到企業內部去挖掘問題和解決問題，這就是典型的饑餓經濟時代的理念。

但在今天這個時代，把自己做好，把產品做好，把服務做好，依然不能保證給企業帶來效益。

在這麼多年的定位實踐和傳播過程中，我們遇到一些企業家，他們會說：「我們先打好內部基礎，再來找定位。」

這會衍生出一個問題，如果你的定位不清晰的話，要怎麼打基礎？比如，怎麼設計你的產品呢？是按照你的喜好、感覺嗎？又怎麼確定你是對的呢？

你說「我有經驗」。如果經驗有用，人人都是王。退一步說，你的經驗這次對了，下一次呢？再退一步，你永遠是對的，怎麼保證你的下一代像你一樣呢？

無數的問題會一個接一個：

應該怎麼設計你的包裝？
應該怎麼確定你的價格？
應該先鋪哪個通路？
應該先去哪個城市？
公關應該怎麼操作？
廣告應該怎麼表達？
……

這一切都要靠經驗或感覺嗎？萬一有一次不對呢？任何一次的不對，都可能導致全軍覆沒。

成功需要面面俱到，失敗只需要一面不到。

無論是初次創業，還是二次創業，最需要的就是一根定海神針，也就是一門理論，告訴我們企業該如何存活。

＋ 定位，就是企業的定海神針 ＋

前文提過，**定位，就是建立一個購買理由，告訴消費者為什麼買「你」而不買「你的對手」。**

若這個問題不解決的話，企業所有內部問題解決得再好都沒用，因為消費者不買單。

很多企業家陷入了盲點，他們不知道自己的定位是什麼，也不知道顧客為什麼要買他們的產品，但他們光按照自己的設想和模式，不斷地挖掘自己的潛力，不斷地做很多內部提升的工作。

當企業家喜歡的產品被完美地推向市場時，你會發現一切都是錯的。可能顧客喜歡大的包裝，他們偏偏做得很小；顧客喜歡單一的產品，他們偏偏做得很多；顧客可能只喜歡80分的適度服務，可是他們偏偏要做到120分。

這是一個糟糕的戰略—「我只提供我想提供的，但市場要什麼，我不管。」

我們還是用某某冰泉來做案例。從2013年到2016年，某某冰泉一直都在內部解決問題，不能說它不努力，也不能說它沒想過很好的方法要突破困境。

他們不斷地解決管理問題、團隊問題，甚至更換高階主管，並且不斷地解決廣告起不了作用的問題、不斷地砸錢調整廣告的方向，就連品牌代言人也在短短的六個月內請了八位。另外，它還在解決通路囤貨太多的問題，頻頻降價促銷。最後，一口氣解決了所有問題，終於把自己賣掉了。就是在這個不斷解決內部問題的過程中，某某冰泉虧損了40億，清倉出場。

看完這個例子，你可能會想問，那要怎麼樣才能賺到錢呢？如果解決內部問題不能賺到錢，那賺錢的機會在哪裡，解決什麼問題可以賺到錢？

答案仍是**成果在外不在內**，這話聽起來是屈特風格的，較傾向專業學術，簡言之，企業想在飽和經濟時代賺到利潤，最主要的機會**是「競爭對手留下的空間」。**大家可能還是有點不明白，再舉個例子：

比如你愛喝可樂，想開一間賣可樂的公司，你覺得結果會成功嗎？如果你很有錢，手中又剛好有團隊，一切看似可行，但我告訴你，真的很難做得成，看看「非常可樂[註5]」的銷量就知道了。

原因就是在可樂的世界裡，有兩個龍頭，可口可樂和百事可樂。「非常可樂」必須先問自己一個問題，就是消費者為什麼要買你的可樂，而不買可口可樂或百事可樂？

成果在外的意思就是**「你的機會你說了不算，對手說了算」**。

對手在外，所以成果在外。直白地說，身為企業家或創業者，你唯一可以決定的就是給你的品牌取個名字而已，至於其他的，你都說了不算。

你再愛喝可樂也不能投資可樂，因為有可口可樂與百事可樂擋著。只要他們在，你就難賺錢，你的利潤是可口可樂與百事可樂決定的，這就叫成果在外。

註5「非常可樂」由中國大陸最大的食品飲料企業娃哈哈推出，起初曾在鄉鎮市場中取得一定的成績，但不久後便遭到兩大可樂企業夾殺而失去市佔率。

就像你非常喜歡吃速食麵，你覺得投資速食麵會成功嗎？如果你喜歡喝杯裝奶茶，你是不是還想去做杯裝奶茶呢？這個成功的可能性在現今也變得越來越小，因為已有知名品牌在。

＋ 定位，幫你鎖定市場 ＋

最好的機會到底是什麼？**最好的機會是找一個空白的市場，完全沒有品牌占據的市場，這才是你最大的機會。**

你一定會說這多難找啊，再去找一個藍海市場太難了。不一定。比如洗髮精的世界，這是一個絕對的紅海。但在紅海的世界裡，有時候可以找到藍海的機會。

在洗髮精的世界裡，就有一個空位機會，叫控油專家。

我們發現，洗髮精有很多個細分品類或稱細分賽道被占據了。比如海倫仙度絲主打去屑，飛柔主打頭髮柔順，潘婷主打為頭髮補充營養，霸王主打防掉髮，夏士蓮主打黑髮，沙宣主打專業護髮，諸如此類，他們都是中國大陸市場中知名的洗髮精品牌。

可是你會發現，沒有一個洗髮精主打「控油」。我們仔細觀察這個市場，發現有一大批消費者有頭髮油的困擾。我自己就是一個頭髮很油的人，幾乎每天都要洗頭，兩天不洗，頭髮就反光發亮了。

這就是我們講的「空位」，當時在洗髮精的世界裡，似乎還沒有一個品牌在消費者心智中占據了控油這個概念。

現在你只需要做一件事，就是衝上去搶下它。

有個品牌叫清揚，來自聯合利華。清揚説「去屑不傷髮」，其實這並不是一個好戰略，因為「去屑」這個概念已經被海倫仙度絲占據了。清揚加了一個「不傷髮」概念，似乎想告訴消費者它做得更好。

可是你知道嗎？「更好」沒用，「不同」才是解決問題的關鍵。

其實，清揚完全沒有必要説它自己更好，反而應該講一個完全不同的故事，它可以説清揚專注控油多少年，也就是多年來只做控油洗髮精。然後為自己設計一個讓顧客相信它的有力基礎，這個基礎可以用很多種方法去找，比如它的洗髮精裡有一種原料是特別去油的，它還可以從第三方認證為它背書其控油成立等。

如果用這個戰略去打，我相信清揚很快就能夠占據控油的山頭。

屈特説，如果你去搶別人已經占據的山頭，比如海倫仙度絲去屑，那就相當於你需要用三倍的兵力，才能打贏已在山頭上的現有品牌。

相信有人想問了，那我是不是只能賣給想控油的消費者呢？

事實並非如此。你會發現，今天你買海倫仙度絲並不是因為它去屑，而是因為它是個大品牌了。就像許多人喝王老吉，並不是感覺身體上火了才買它來喝，而是因為王老吉已經是個熱銷的飲料了。

請記住：你需要鎖定一批原點人群（註6），突破他們後，你就有光環了，光環會為你帶來更多的顧客，這就是我們講的「成果在外」。

你能做什麼並不取決於你，取決於對手留給你的機會到底在哪裡。

在現今資訊爆炸、產品過剩的數位化大時代，我們想讓企業基業長青，或者取得創業的成功，一定不能僅在內部發力。我們需要在外部尋找可能的空位，尋找對手留給我們的空位。唯有占據這個空位，我們企業就能長期存活並持續成長。

註6 原點人群意指既有影響力，又能符合產品定位特徵的一部分人群，例如KOL、藝人明星等。

04
金點子不再有效

很多企業家問我一個問題：「定位是不是就是一句話呀？比如『怕上火，喝王老吉』、『嗓子不舒服，來顆金嗓子』，只要找到好記的話，企業就會獲得成功。」

我說：「不不不，完全不是這麼回事。」

曾經有人說一個金點子能救活一個企業。但現今你會發現，金點子越來越難有效了。

其實，能有效發揮作用的是定位。**定位以差異化為核心，構建環環相扣的營運配稱**（註7）**，形成強大的客戶認知體系。**講個案例，大家就理解了。

「宣酒，小窖釀造更綿柔。」

這是宣酒的定位，宣酒以此為核心做好企業營運配稱，調動企業所有資源打了一場認知戰。

在定位之後的幾年，宣酒取得了長足的進步，銷售額也迅速從數億人民幣突破到10億、20億乃至更多，躋身安徽一線白酒品牌。

宣酒走進定位後，主要做了以下調整：

第一就是對宣酒的產品做了取捨。宣酒有5年、6年、10年、15年多款年份酒，定位護航以後，只留下宣酒這一瓶酒，這是為什麼呢？正是因為大多數廠商都在做多，宣酒就偏偏要做少。

第二就是之前宣酒有出無包裝盒、價格平實的光瓶酒，也有高端酒，最貴的宣酒一瓶能賣1888元人民幣。如何做取捨？答案是宣酒在宣城裡什麼酒都賣，但是出了宣城就只賣一款酒。

為什麼在其他地方只有一款？這是最強單品戰略。為什麼在宣城有多款？答案是：迷惑競爭對手。

宣酒成功以後，引來了安徽甚至外省同行的參觀學習，有一個問題是：「宣酒只做一款酒嗎？」他們回答是：「不是的，你到宣城看看，我們有很多款酒。」

第三就是宣酒的瓶型。宣酒最終決定只用一個瓶型。

瓶型越多，消費者越不容易記住。大家想一想，王老吉——會立刻聯想到紅罐，紅牛——則會想到黃罐，可口可樂——就是經典的小弧形

註7 營運配稱意指企業的整套長期經營活動，目的就是實現品牌定位，建立起認知優勢。

瓶。也就是說，一個瓶型就代表一個品相。

只有一個品相，才更容易打入消費者的心智。

第四就是之前宣酒叫「宣酒特供（註8）」，定位護航之後去掉了「特供」，只剩「宣酒」。

在飽和經濟時代的今天，最強單品戰略是成立的。

王老吉僅靠一個紅罐就可以賣過百億，茅台憑著一個瓶就可以賣過千億，這就是很好的佐證。

接下來，宣酒如何走出宣城呢？

在全城招商，把紅旗插遍全國，是很多企業家的決策。遺憾的是，這不是一個好的戰略。

其實正好相反，應該盡可能調動所有資源撲向一個市場，藉此打穿、打透這個市場。

記住：在一個市場上投放資源，寧可過量，千萬不要投不足。不足就好像水燒到了80、90°C，永遠燒不開。

以宣酒為例，針對每個城市，他們會集中所有兵力把這個城市徹底擊穿。宣酒有超強的組織能力、執行能力，結果一炮下去就紅了，一下子在安徽打開了市場。

註8 宣酒特供是指專門為特定人群供應，有著特殊來源的優質酒款。

宣酒這個案例很妥善地詮釋，定位不只是一句話、一個口號。**定位以差異化為核心，並形成環環相扣的戰略配稱，以此將差異化打入消費者心智中，引領企業持續不斷突破業績成長。**

我認為，宣酒的成功是可以複製的。

第3章

定位 讓你躺著賺

社會財富的轉移在本質上是思想的優勝劣汰

01

拚才華太難了

近年來，「卷（內卷的簡稱）」成為一個網路熱門用語。卷可以小到一個公司，也可以大到一個行業甚至一個國家。當下，卷這個現象之慘烈，已經嚴重到大家都很難承受的地步。

我看過美國《財星[註1]》雜誌的報導，他們說有一家世界500大的外企，想招聘一個產品經理的職位，為此面試了十個應屆畢業生。他們都是碩士，其中五個是海歸（三個畢業於美國常青藤院校，兩個畢業於英國名校），其他三個畢業於中國大陸國內985[註2]、211重點大學[註3]，有的人還擁有一線大廠的實習經歷。但是，只能選出三個推薦給總監進行下一輪複試。

從才華看來，這些畢業生都很優秀，很難取捨。後來面試官乾脆就靠眼緣來選人，看誰順眼就留下。這裡順便說一句，有家人力資源管理公司做的調查顯示：男的長得帥、女的長得漂亮，在面試環節或在初入職場環節，通常會給自己帶來15%左右的加分，錄取率會提高15%，薪水會增加15%，受老闆喜歡的程度增加15%，還有產生姻緣的機率也會高15%。

什麼意思呢？顏值就是生產力，我們得認可這一點。這也解釋了為什麼醫美現在這麼紅，先天顏值不夠，那就靠後天補。

我看過很多優秀的大學畢業生，真的很勤奮，事事都認真，在競爭中總想靠才華把別人打下去。結果面試最後留下來的人，居然是因為顏值！這似乎很令人無語，但也帶給我們思考和啟示。

有人說這種「卷」不僅是對就業者的殘酷，也是對社會資源的巨大浪費，然而定位並不這麼看。顏值也是才華呀！很多人說長得帥或美是父母給的，顏值是先天的沒錯，但長得帥或美只是顏值的構成要素之一，燦爛的笑臉、溫暖的語言等也都是構成顏值的要素。

+ 才華應該軟硬兼備 +

如果你認為才華僅停留在所謂的「硬實力」上，比如考試永遠考第一、寫作文永遠寫得最好，那只能說你的才華觀太狹隘了。這就像企業做產品，動不動就要做檢測，看看誰的含量更高，特別是工業產品，還要檢測是否符合國家標準，或是高於國家標準多少。似乎這個世界變得很簡單，高於國家標準的就一定會贏，誰的產品數值最好，消費者就應該買誰的。

這個世界如果是這樣運轉的話，那就太容易了，大家站好隊，只要比個頭高矮就行了。個頭最高的第一個挑工作，個頭第二高的第二個挑工作，這世界是這樣的嗎？完全不是啊！

另外，在一個組織裡，你是要完美地展現自己的才華，還是完美地去實現老闆的才華呢？你覺得哪個理念對呢？這又引出一個問題：為什麼有些精英一生不能實現抱負？**有才華的人，如果沒有正確的理念，結果只有四個字：懷才不遇。**

可是很多人沒有意識到這個問題，他們喜歡展現自己的才華，喜歡不停地與同事爭、與老闆爭，不停地告訴別人：「我是對的，你是錯的。」你身邊有這樣的人嗎？

什麼樣的才華理念會讓你走得更遠呢？答案是：要軟硬兼備。才華主要有兩種：

第一，是「硬才華」，就是我考試非常厲害，我寫作非常棒，我考上了名校，而且我還是名校裡數一數二的箇中翹楚。

註1 美國《財星》雜誌每年會評選的全球最大500家公司排行榜。

註2 中國大陸國內985即「985工程」，是一項建設世界一流大學和著名高水準研究型大學的教育計畫，共有三十九所大學。

註3 211重點大學即「211工程」，目的是集中中央和地方各方面的力量，栽培一百所大學及重點學科，均衡發展，以迎接世界的新技術潮流。

第二，是「軟才華」，就是我只要跟你聊個天，只要跟你搭話，就會讓你很愉悅，讓你覺得我很有才華，這一點更重要。絕大多數人缺乏的正是軟才華。

我做了一項追蹤調查，自1977年中國大陸恢復高考以來，截至2022年底，全國產生了三千多位省級狀元，他們大學畢業後的人生之路走得怎麼樣呢？調查結果讓人跌破眼鏡：這些當年的學霸畢業之後，鮮少有人成為知名企業家或兩院院士。和讀書時相比，他們的社會之路沒有再續輝煌成績。

拚才華這條路太難了，你知道為什麼嗎？最重要的原因就是大多數人對才華的理解是單方面的，認為拚才華就是硬碰硬。這種認知還處於冷兵器時代：「對面來將何人，本將不斬無名之輩，報名再戰。」

才華是分軟硬的，如果你不會好好聊天，不會好好說話，會阻礙你的成就。

中國大陸現今有很多富豪都不是大學畢業，但也有大成就。才華是什麼？才華是要軟硬結合，要陰陽結合、虛實結合。有軟有硬才叫做才華，只會硬不會軟不叫才華，那叫石頭。有人說拚才華太難了，原因是什麼？因為他們只會硬碰硬。

還有一個問題，就是誰欣賞你的才華比才華本身更重要。「是金子總會閃光的」讓很多才華洋溢的人認為自己是金子，一定會發光發熱，這觀念誤導許多人。有些人的才華得不到認可，就認為社會對他們不公平，開始仇視社會，極少數人甚至做出極端行為。

「是金子總會閃光的」這句話的重點是，**你是不是金子不是你說了算，是欣賞、喜歡、提拔、給你機會的那個人說了算，是別人說了算。**別人認為你是金子，你就會發光發熱，而不是你說自己是金子。

中國人的智慧早就告訴我們「千里馬常有，而伯樂不常有」，就是告訴大家，你是不是千里馬的這件事先擱一邊，最重要的是**你得先找到伯樂，找到那個能欣賞你、讀懂你，還能把你推出來的那個伯樂。**這才是你人生成功的關鍵。

對於一個普通家庭的孩子來說，最應該具備什麼才華？恭喜你，現在你知道了。**普通人的頂級才華就是具備一種「見面三秒讓別人喜歡你」的能力，它甚至強於你的讀書能力。**

如果具備了這種能力，你這一生所讀的書都是加分，哪怕你沒讀書，你這一生也會過得很不錯。因為社會就是一所大學，這種能力會讓你這輩子可以用四個字來總結，就叫「貴人相助」。見面三秒就讓對方喜歡你，這一生就能開外掛。

＋ 人生中重要的四匹馬 ＋

屈特說過這樣一段話：「賽馬場上獲勝次數最多的騎師，不一定體重最輕、頭腦最好或者體能最強。最好的騎師未必能贏得比賽，而能贏得比賽的騎師通常都擁有最好的賽馬。不要讓你的自我意識阻礙了你，要記住：你需要的是一匹好馬。」

這句話從另一個角度來說就是：**你是誰不重要，重要的是你要騎上一匹快馬。**

屈特提到，一個人一生有四匹馬可騎。

第一匹，父母。大多數人一生都在奮鬥前往羅馬的路上，然而偏偏有些人一生下來就在羅馬。也許有人會說這匹馬我騎不上了，不是的，你還是有機會。中國人說：「一日為師，終身為父。」還有「衣食父母」──那些給你生意做、給你成長機會的人。我們從心裡感恩他們，視他們為「再生父母」。人生處處都有「父母」這匹快馬，關鍵是你能找到嗎？

第二匹，婚姻。娶誰和嫁給誰，這是一件天大的事。選對人，餘生步步對；選錯人，餘生步步錯。屈特對婚姻的注釋是：**婚姻是最佳經濟合作組織，一個男人和一個女人共同擔任股東，這一輩子一起成立一家無限責任公司，一起打拚，一起獲利。**

利益共同體不僅是夫妻雙方，同樣也包括兩個人背後的家庭。有一個有實力的夫家或娘家的支持，想要成功就容易多了。

大家可能會想問：什麼樣的女人才是好老婆？什麼樣的老公才是黑馬，能夠帶給家族巨大的潛力和未來？這個問題就見仁見智了，每個人都有自己的答案。

第三匹，老闆。老闆非常重要，你是誰不重要，可是你跟隨誰太重要了，它決定你人生的才華能夠綻放多少。

1997年，阿里巴巴集團主要創始人、前亞洲首富的馬雲當時還到處化緣呢，結果有十八個人相信了他、跟隨他，江湖人稱「十八羅漢」的他們，現在個個身家不菲，人生實現了華麗轉身。

老闆可能是你這輩子能騎上的最重要的一匹馬，跟對人可能是大多數普通人改變命運的絕佳機會。

大家可能又問了，老闆能換嗎？很多人認為老闆能換。我這麼多年和創業者、企業高階主管打交道，發現大多數人會高看自己，此處不留爺自有留爺處，大不了老子一走了之。

你最好認為老闆不能換。這不是說你這輩子只能從一而終，只能跟定一個老闆。這是說你一旦選定了老闆，你一定要有「老闆不能換」的理念，只有這樣你才會想著全力以赴地去支持、實現老闆的想法，因為老闆站得高、看得遠，他能看到全域。

有人說，什麼都聽老闆的，這不是媚上嗎？從一而終，這不是愚忠嗎？記住，**自尊心非常強的人，大多數都是弱者。**你仔細觀察一下身邊的成功者，你會發現成就越大的人，自尊心是越弱的。很多大人物其實非常平易近人，頂級的大人物反而活成了一汪清水，專往低處流。反觀那些在飯桌上大肆表揚自己，覺得自己非常厲害，生怕別人看不起的，其實才是外強內虛。

強者才會示弱，而弱者只會逞強。內心無比脆弱，嘴上無比剛強，這就是人生輸家的畫像。我們應該先尊重老闆的決定，去實現老闆的夢想，而不是實現自己的夢想，這個理念很重要。

第四匹，合作夥伴。你跟誰合作決定你一生可以走多遠。

巴菲特(Warren E. Buffett)和蒙格(Charles T. Munger)，他們的故事感動很多人。巴菲特很會聊天，有個粉絲曾問過巴菲特：「您這輩子沒有什麼遺憾嗎？」巴菲特說了一句話，瞬間打動了天下的人，簡直太會聊天了。巴菲特說：「我太有遺憾了，我的遺憾就是太晚認識蒙格了。」

這話聽起來多麼悅耳，不僅是被稱讚的人，就連大眾也被圈粉了。所以，好好說話，人生開掛(註4)。

+ 我找到了人生快馬 +

接著聊聊我個人的故事。我是渣打銀行(中國)有限公司(簡稱「渣打中國」)招募的第一位中國大陸籍行長。2005年，有人推薦我去渣打中國，因為他們要招募一位本地人做行長。我見了很多人，前前後後有十幾個，最後他們對我的態度是還無法確定。

註4 網路用語，原意是使用外掛。外掛是一種作弊程序，即利用電腦技術修改遊戲程式，降低遊戲難度。

想錄用我的，大概是因為我有當銀行行長的經驗，業績很好，從業經歷豐富又帶過團隊。不想錄用我的，主要是因為我在國內讀大學，缺少國際化視野，既沒有海外工作經歷，也沒在跨國公司工作過。

最後，渣打中國請人力資源部的負責人面試我，由他做最終決定。

我去見了這位負責人，一切都很順利，面試過程很輕鬆，像聊天。快結束前，負責人問了最後一個問題：「Peter，到現在為止，你覺得你最大的成就是什麼？」這個問題相當有意思，很少有人在面試時這麼問我。我想了想說：「我這輩子最大的成就是娶了一位好太太。」

負責人一聽覺得很有意思，他就要我具體說說原因。

我就把我太太有多麼好，以及我跟她相處中感受到的美，對這位負責人分享了幾分鐘，他聽得津津有味。我的面試很快就結束了，臨走前他跟我說：「謝謝你的分享，我們下次見。」

我預感有機會。果然不到一個星期，我被錄用了。兩個月以後，我在上海有機會見到這位負責人，我首先感謝他錄用我，然後問他：「是什麼原因讓你最後決定錄用我的？」

對方的回答讓我很有感觸，他說：「是你最後那個回答讓我覺得，你是位很有潛力的管理者。你說你這輩子最大的成就是娶了一位好太太，這個認知、角度和心態，以及你跟太太的相處之道，讓我相信你是一位優秀的管理者。你有第三方的心態，是很好的溝通者。你是個有韌性、有彈性的人，不會一味地硬，也不會一味地軟。加上你有豐富的銀行從業經驗，所以我相信你一定能為渣打做出貢獻。」

聽完這些話，我瞬間覺得娶對老婆太重要了，她不僅為我帶來好生活，還為我帶來好工作。故事到這裡就結束了嗎？不，才剛剛開始。

後來這位負責人去了香港，我們就漸漸沒有聯繫了，直到有一天，我突然接到一通電話，居然是這位負責人：「Peter，你還在渣打嗎？我在NBA負責中國區人力資源，我聽說你太太是做人力資源的，不知你太太對NBA人力資源的職務有興趣嗎？如果有興趣的話，我可以推薦你太太擔任人力資源經理，你太太願意嗎？」我當時一聽，馬上回應：「非常願意，感謝您給我們這個機會。」他說：「也謝謝你向NBA推薦人才，來面試吧。」

第二天，我太太就去面試了。面試流程非常順利，很快offer就出來了。我太太在NBA工作了十年以上，在這期間這位負責人因為個人原因離開了NBA。

我太太剛進公司時擔任人力資源經理，後來一直在進步，先是晉升為副總監，再升職為總監，直到任職NBA全球人力資源高級總監，在華爾街第五大道NBA集團總部工作了近兩年。我太太的職涯走得非常順利，她的個人成長也有很大的提升。

故事到這裡結束了嗎？還沒有。有一天，我再次接到那位負責人的電話：「Peter，晚上有時間嗎？一起吃個飯，聊聊天。」

當天晚上，負責人跟我說：「我現在在一家跨國企業工作，負責其中國大陸旗下公司的人力資源。」這家跨國企業來自東南亞，是一家非常大且有實力的公司。

他說：「我們在國內有三十多家分支機構，正在招募本地職業經理人，幫我們打理這三十多家機構，如果你願意的話，可以來面試。」然後，他又問了我現在的薪資情況。

面試同樣非常順利。令人驚喜的是，這位負責人給了我一個很棒的薪資待遇，職場收入一下子有了大幅度提升。

只是因為結緣了這位負責人，我有幸在渣打中國及另一家知名外企中國大陸子公司工作了若干年，這是我人生中重要的職場經歷，帶給我全球視野和管理能力的提升；我太太也有了一份好工作，而且在紐約華爾街工作了近兩年，跨國公司及集團總部的工作經歷賦予她不同的人生視野。一個家庭因為一個人而有了美妙的旅程。

這個故事到此為止了嗎？還沒有，還有下半場。

2013年我創業了，創立了顧均輝戰略定位公司，在創業的道路上，我繼續得到這位負責人的加持。他向我推薦電動車行業的先行企業——浙江綠源[註5]，讓我結識了倪總和胡總，並有幸陪伴了綠源一段時間，感受到優秀的綠源團隊和創始人的魅力，2023年10月綠源在香港成功上市。

遇到一位欣賞你的貴人，就像騎上一匹快馬，你的人生就會走得非常順暢，這是我的深刻體會。

註5 浙江綠源是中國電動兩輪車製造商，是中國電動自行車國家標準的制定者，擁有數百項電動車相關的專利技術。

我們現在來回顧這四匹快馬：父母、婚姻、老闆及合作夥伴。我把定位的人生法則分享給大家，也跟大家聊了我的人生經歷，我衷心祝願親愛的讀者，都能找到自己人生中的那匹快馬。

走進定位二十多年，我發現有些日子沒過好、事業沒做順的人，很大一部分原因是沒有管理好自己的情緒，個人理念出了問題；有些身體不好的人，原因也是他們管理不好自己的情緒，凡事容易走極端，經常生氣。

怎麼管理好自己的情緒？擁有好的理念特別重要，我們稱之為軟實力、軟才華。

拚才華這條路太難了，難在哪裡？難在我們要認識到這個世界不僅有硬才華，還有軟才華。你學會了軟硬兼施，才能人生豪邁，如果你只會拚硬才華，那麼你的人生就可能懷才不遇。

02
硬財富與軟財富

在饑餓經濟時代，我們評價一個企業或一個人擁有的財富，通常都是用硬財富來衡量。什麼是硬財富？比如你有多少房子、多少車子、多少土地、多少店面、多少現金、多少黃金，這一切都有個特點，就是看得見、摸得著，這些都是「硬財富」或「硬資產」。

但在飽和經濟時代，我們評價一個人有多少財富，就不是只用硬財富來評價了，還要用「軟財富」。什麼是軟財富？比如你擁有多少公司的股權、擁有多少品牌、擁有多少上市公司，這些就是「軟財富」或「軟資產」。

在現今，大家會發現硬資產越來越不值錢了，而軟資產變得越來越珍貴。過去在饑餓經濟時代，我們擁有的房地產是財富的象徵，而在飽和經濟時代，我們擁有的房地產同樣是財富的象徵，只不過這個房地產不建立在看得見、摸得著的土地上，它建立在看不見、摸不著的心智中，它叫品牌，這才是未來真正的財富。

你可以沒有任何硬財富，但同樣可以天天住豪宅，天天吃豪華大餐，為什麼？因為你擁有軟財富。

有一位和我學定位的學員早期投資了茅台，同時他也是堅定的長期持有者，茅台現在的市值已經超過兩兆，這就是我們講的品牌價值，它是巨大的財富，而且這個財富很有可能隨著未來時間的推移不斷地增值。

大家應該已經感覺到，時至今日，手邊的硬資產已經很難增值了，土地和房地產暴漲的空間有限，但是軟資產，也就是品牌的價值很有可能會越來越高。

品牌有無限的未來，它會不斷地增值。世界的邏輯變了，世界財富也正在從硬財富轉向軟財富，從硬資產轉向軟資產。中國社會科學院經濟研究所所長黃教授說，2020年我國已經基本實現工業化，工業供應體系擁有三十九個大類、一百九十一個中類、五百二十五個小類，我國是世界上唯一擁有完整工業體系的國家。這就意味著未來靠房產、靠煤礦這些硬手段去追求財富的機會變得越來越少了。

未來靠什麼？靠在心智中創建品牌，再造財富。1990年代中國大陸開啟的房改（註6）造富了一批投資客，如果你沒趕上第一波房地產熱潮，那麼現在第二波熱潮來了，你可以成為第二波投資客，在心智中建立品牌大廈。

我們來看美國，美國在二十世紀80、90年代後，不斷地去工業化導致大量的工業製造外流。美國現今主要依靠金融體系、高科技體系、品牌體系。美國將網路企業、科技企業、金融企業轉化為品牌，造就了美國現今還是這個世界上最富裕的國家，核心就在於它擁有全世界最強大的品牌資源。

世界品牌實驗室學術委員會主席、牛津大學行銷學院名譽教授史蒂文・沃格（Steve Woolgar）指出，2022年世界品牌500強排行榜入選國家共計三十三個，美國就上榜近兩百個，從品牌數量的國家分布來看，美國仍然以較大的優勢，占據並保持世界品牌第一的強國位置。

什麼是品牌？現代行銷學之父菲力浦・科特勒（Philip Kotler）說，品牌就是一個名字、一個稱謂、一個符號或者一個設計，或者說是上述的總和，其目的就是使自己的產品或服務有別於競爭對手。

屈特先生認為，定位就是藉由在消費者心智中實現差異化，使產品成為品牌。定位既是品牌塑造的目的，又是品牌塑造的方法。

品牌最大的價值或許就是，當消費者想到你所在的品類，他能第一個想到你。比如說到中國大陸的白酒，我們第一反應可能就是茅台，這就是它的價值，它代表了這個行業。有一個最簡單的方法可以判斷

註6 中國大陸在1998年全面實施城鎮住房制度改革，改革方向為城鎮住房的市場化、貨幣化、商品化。

誰是某個行業的老大，誰是某個行業最值錢的品牌，這個方法就叫「品牌等於品類」，透過兩個問題就能做出判斷。

以中國的快遞產業為例，當你問消費者，說到快遞你會想到哪個品牌時，大多數人會說順豐；當你問順豐是幹什麼的，大多數人會說是做快遞的。這就意味著順豐等於快遞，也就是說品牌等於品類。當一個品牌能代表這個品類的時候，我們就知道它就是該行業的老大。

又比如你問消費者，哪個白酒品牌是最強的？我相信很多人會說茅台。當你問消費者，你知道茅台是做什麼的嗎？很多人會告訴你它是最貴的白酒。這就意味著茅台絕對是這個行業的老大。所以，一個品牌如果能等於品類，那這個品牌就無限值錢。

還有一個方法能判斷一個品牌是不是老大，就是看消費者會不會把品牌名稱當成「動詞」用。比如我說，這個東西明天「順豐」給你，你大概就知道我要寄快遞給你。如果我跟你說幫我「百度」一下，你就知道我要你幫忙搜尋，因為百度等於搜尋，或在其他國家會說「Google」一下，是相同的意思。所以，當一個品牌的名詞可以當動詞用的時候，就意味著它無與倫比的強大，它占據了這個行業。

我們要擁有什麼樣的軟資產呢？答案就是要擁有行業裡的大牌，擁有各行各業各個細分品類賽道的老大，這樣就擁有了無限的財富。

讓消費者購買你產品的前提是讓他們「記住」，這就是企業要做品牌的原因，也是企業能實現銷售快速成長的根源。有一個好的定位，品牌就更容易進入心智，被大家記住。**在看得見的戰場，企業是做產**

品，而在看不見的戰場，企業就要做品牌。怎麼讓你的產品、你的品牌與眾不同？就是要帶給消費者一些很不同的體驗和利益。

企業要想基業長青，就需要從產品思維轉向品牌思維，從新銳品牌向成熟品牌發展，這樣品牌的價值就一定會高於只賣產品。

對於企業，軟財富就是品牌，讓消費者喜歡你；對於個人，軟財富就是你的IP，當然這需要各自塑造。

以前我們做產品，那叫硬實力，現在我們做品牌，這叫軟功夫。你需要保持足夠柔軟的身段，不驕不躁、面帶微笑，語言溫暖親和、有感染力，這樣你就具備了能妥善打造品牌的實力。這也意味著，你不僅可以在饑餓經濟時代擁有硬財富，進到飽和經濟時代，你同樣可以步步為先，擁有軟財富。

03
定位讓你賺翻了

商戰打到今天，已經進入越來越殘酷的階段。在這麼多年的教學經驗中，我發現很多年輕的創業者，或者是打拚了十年、二十年的企業家，經常跟我說的一句話就是:「現在賺錢真的越來越難了。」每次聽到這句話時，我的第一個反應就是，這句話說得不準確，準確的說法應該「是你現在賺錢越來越難了」。

＋ 賺錢難，是因為對手太多了 ＋

我每個月都會在北京、上海、廣州開課，不時遇到很多國內企業家，當我這麼說的時候，他們就突然意識到說:「有可能啊，是我們自己賺錢越來越難了。」從這個角度來看，他們深有同感。

有的同學則說：「我發現身邊的很多朋友、同行，現在好像都不好賺錢。」這話說得也不夠準確，是你在的那個朋友圈賺錢越來越難了。我說：「你知道現在自己最重要的是做什麼嗎？就是換個圈子，你就會發現，在另一個圈裡可能有很多人賺錢並沒有那麼難。」

又有同學說：「那我換個圈子後，自己賺錢還是越來越難，怎麼辦？」這是個核心問題，那麼你得學會一個高階的打法，一定要深刻地領悟到現在賺錢越來越難的原因是什麼。我和這位同學進行了我問他答的對話。

我說：「你覺得現在為什麼賺錢越來越難？你現在賺錢越來越難主要反映在哪幾點？」

他說：「第一個就是東西不好賣了。」

我說：「第一個是東西不好賣，那第二呢？」

他說：「第二個就是定價上不去，總打價格戰，沒有毛利。」

我說：「定價上不去，這個我也同意，那第三呢？」

他說：「第三個就是客源開發太難了，不知道顧客在哪裡。」

我說：「準確地說，是不是獲得新顧客越來越難了，然後老顧客的回購率也不夠？」

他說：「對，老顧客也不回購了，所以就會感覺到生意越來越不好做，都沒有信心了，不知道怎麼做下去。」

我說：「還有別的嗎？」

他說：「還有自己好不容易創新了一個東西，很快就會被模仿。」

他接著說：「還有，我們做的品項種類越來越多，備貨量也越來越大，結果反而導致毛利率不斷下滑。」

我繼續問：「那這些背後的原因是什麼呢？你以前賺錢為什麼不難呢？」

大家一定要思考這個問題，**如果不能搞清楚背後的原因是什麼，那就還是搞不清楚要怎樣賺錢。**

他說：「以前賺錢賺得不難，因為那時候企業和國家在高速發展，整個行業也在高速發展，同時賣貨的人少，所有貨很容易就能賣出去，所以那時賺錢很容易。」

我說：「現在整個行業的成長速度沒有以前快了，最重要的是跟你賣同樣貨的人越來越多了，對不對？」

他說：「沒錯，我現在就是這種情況，只要生產出來一個東西，就有幾十、上百個企業跟進，跟你做一樣的東西，大家拚啊拚，拚到最後就是價格戰。」

我說：「你現在知道原因是什麼了吧！現在賺錢變難的最主要原因就是有人擋著你發財了。」

他說：「對，就是有人擋著我發財了。」

這個人是誰呢？顯而易見，這個人就是你的同行！現在賺錢難的原因就是同行太多了，所以重點是要「搞定對手」，而不是搞定自己。

怎樣搞定對手呢？從產品品質上搞定對手可不可以？不行！對於絕大多數行業來說，普通消費者很難分辨出產品品質好壞。除非是那些高精尖[註7]的產品，比如手機晶片，就要用七奈米以下的，甚至是五奈米、三奈米，這個就能分出產品品質的高低。

除了科技、生物製藥等這些技術上可以做到遙遙領先的行業，消費者對於大多數吃、穿、用、住、行的行業，其實是很難分出好壞的。不能在產品品質上拚，那該怎麼辦呢？

＋ 消費者需要一個購買理由 ＋

跟大家講個有意思的故事來說明。武夷山盛產岩茶[註8]，現在有越來越多的人喜歡喝岩茶。岩茶的確好喝，岩茶中的名茶有「牛肉」、「馬肉」──牛欄坑的肉桂簡稱「牛肉」，馬頭岩的肉桂簡稱「馬肉」[註9]。有一次我去武夷山看茶，遇到一位岩茶大師，她是中國大陸十八位岩茶大師中唯一的一位女性。

註 7 高精尖意為高級、精密、尖端的技術或產品。

註 8 岩茶指在武夷山三十六峰與九十九岩間，利用岩石縫隙或岩邊種茶。此種茶以俗稱為「岩石味」的「岩骨花香」著稱。

註 9 牛欄坑與馬頭岩均為上等岩茶產地。武夷肉桂是武夷岩茶最著名的品種，屬烏龍茶類，因香氣滋味似桂皮香而得名。

她親自泡了兩杯茶給我喝，然後問道:「顧老師，你品嘗一下這兩杯茶，看看哪一杯茶更好喝？」說實話，我根本分辨不出來，於是回答:「請教一個問題，我就能知道哪杯茶更好喝了。」我問大師每杯茶的價格各是多少。

大師回答說:「你左手邊的是1萬元一斤，右手邊的是1千元一斤。」

我馬上說:「哦，大師，那我知道了，左手邊的這杯茶更好些，你看它的湯色就不一樣，茶韻也不一樣，細品茶香也不同，總之左手邊這杯茶要比右手邊這杯茶好太多了。」

你要叫我喝出哪杯茶好，我是喝不出來的，但只要你讓我知道價格，再來告訴你為什麼這杯茶好喝，那我就會清楚為什麼這杯茶好喝。

其實，絕大多數消費者都是和我一樣的，都是標準的「小白」。

普通消費者根本無法分辨出品質的好壞，唯一能分辨出來的就是「價格」。在我知道價格以後，我就能瞬間知道這杯茶為什麼好、好的原因是什麼。

消費者的判斷依據很簡單，就是貴的就是好的，要不然它為什麼能賣這麼貴呢！在消費者的認知中，好的就肯定是貴的，「好貴好貴」就是這麼來的，這就是消費者最簡單的判斷依據。

現在要做的就是給你的「貴」找個理由，告訴消費者，為什麼你這個茶要賣1萬元一斤，你必須給一個理由。有了這個理由，你的「貴」才能成立。

對於茶葉，怎麼給理由？有太多理由了，茶葉有太多故事可以講。

茶葉與其他農作物一樣，都有類似特點，能從幾方面講故事：

一是土地，如紅土地、黃土地、黑土地等；

二是土地裡的礦物質含量，如土地富含硒（Selenium，是人體需要的一種微量元素）；

三是海拔，為什麼這種茶葉或者農作物特別好，因為這裡的海拔非常適合它生長；

四是日曬，這是一個非常好的概念，因為日曬充足可以造就這種茶葉與眾不同；

五是雨露，因為這種茶葉生長的海拔有特別多的雨露，或者是特殊的雨露、恰如其分的雨露，雨露也是一個很好的差異化概念；

六是經緯度，從全球來看，這裡的經緯度特別適合種植這種茶葉，聽上去是不是有點酷？

你會發現，中國大陸每一寸山河都有自己的故事，在其他國家也是如此。大家聽懂了吧，應該知道定位為什麼會讓你賺翻了吧！原因就是定位能很快地發現你產品獨特的、與眾不同的地方。

按照這個思路，你不僅可以做好岩茶，還有白茶、普洱、六堡茶等，所有農產品你都能做好。比如贛州盛產柳丁，但贛州現在還沒有柳丁的知名品牌。按照這個思路去講柳丁的故事，或許就能做出一個贛州柳丁的大品牌！

中國大陸的農產品太多了，如河南的鐵棍山藥（河南山藥當中品質最好的一種）、廣西的荔浦芋頭（又名檳榔芋，在明清時期便為朝貢皇家的貢品）等，都可以做出好的品牌。**知道為什麼賺錢越來越難嗎？因為你不會講故事，只會做產品，產品一多就只能賣低價，這就是越來越難賺錢的主因。**

＋ 講故事的「燉小白」魚湯麵 ＋

那要怎麼講好一個故事呢？這裡頭很有學問。希望以下這個故事給你一些啟發。

有一位南京的企業家學員，走進了定位的世界，講了一個很好的故事。她就是王華菊女士，燉小白魚湯麵（南京知名美食品牌）的創辦人。她最初做麵的時候，決心做一款好吃的麵，但怎麼也做不好。她學習定位後，開始用定位思維來做麵，形勢就發生了180度的逆轉，一下子贏得江湖地位。

王華菊來自南京，但在南京做麵的人太多了，有各式各樣的麵。王華菊做了一件非常厲害的事，她做了一款與眾不同的麵。大多數人做魚湯都是把魚鱗、魚鰓、魚內臟去除，然後放到鍋裡熬。但王華菊不是，她們品牌魚湯的做法與眾不同：

第一，留下魚鱗和魚骨，去除魚鰓和內臟，因為魚鱗富含卵磷脂。

第二，最厲害的是，在中央廚房用超高壓鍋把魚肉、魚鱗和魚骨熬成魚泥。注意，不是熬碎了，是熬成了魚泥。

第三，把魚泥再化成魚湯。

這種做法極大化提升魚湯的營養價值，因為魚鱗富含的卵磷脂有兩大好處：第一個是抗氧化，抗氧化就是抗衰老啊！人為什麼會衰老，就是器官會被氧化，所謂抗氧化就是讓你「鏽」得慢一點。第二個是提升記憶力。

王華菊知道說的越多，消費者能記住的越少，兩個都說，消費者不一定能記得住。那到底是說抗氧化好，還是說提升記憶力好呢？如果是你，會怎麼選？

最終，王華菊選擇了「提升記憶力」。

為什麼呢？也許有人會說是因為三年疫情之後，大家的記憶力出問題了，這時候推出一個提升記憶力的產品，容易得到消費者認同，實際上不是這樣的。

王華菊之所以選擇提升記憶力，主要是因為市面上抗氧化產品太多了，如果訴求抗氧化，競品太多了，競爭太過激烈。

當時在食品業裡，可以提升記憶力功能的食品並不多。當然，三年疫情下來，有些人在多次確診後，記憶力與之前相比的確變弱，因此卵磷脂在提升記憶力方面就有很好的幫助。

具體怎麼做呢？如何讓消費者相信你的魚湯裡含有卵磷脂，並且進一步相信卵磷脂有助於提升記憶力呢？前文有提到信任基礎，這是「定位理論」裡的重要概念。因此，王華菊為此做了兩件事：第一是要證明魚湯裡含有卵磷脂。於是找了第三方機構做檢測，檢測結果顯示，燉小白的魚湯裡確實含有一定比例的卵磷脂。第二是要證明卵磷脂能提升記憶力，她找到中國營養學會主辦的《營養學報》2002年24卷4期上提及卵磷脂有助於提升記憶力，這就是權威認證。至此，燉小白的品牌戰略就基本完成了，而品牌故事是這樣表達的：

燉小白魚湯麵，魚湯含有卵磷脂；
卵磷脂有助提升記憶力。
──《營養學報》2002年24卷4期

創業者王華菊根據定位理論，設計了一個非常好的產品──燉小白魚湯麵，也給了消費者買它的理由：魚湯含有卵磷脂。同時燉小白帶給消費者的利益點表達得也很清晰：卵磷脂有助提升記憶力。

這樣的燉小白魚湯麵一下子就得到很多消費者認同。在南京，人們不僅去門市吃魚湯麵，更多人直接買魚湯回家，自行加麵、加米粉製品、加餛飩以及任何喜歡的食材，成了營養美味方便都兼具的料理。

從燉小白案例中可以發現，它不僅產品構思與眾不同，還設計了信任基礎，商品名也取得很好。

至於為什麼叫「燉小白」呢？一是「燉」四小時，二是用四兩以下的「小」鯽魚，三是燉出來和牛奶一樣「白」，簡稱燉小白，既有涵義又好記，一個好名字是成功的一半。

十 定位溝通讓你越來越順 十

繼續說王華菊的故事，她是位非常有意思的人。

2021年，王華菊走進了我的定位課堂。在課堂上，定位告訴同學們，普通人要逆襲，必須具備一種基本能力，就是見面三秒讓對方喜歡你。這意味著你說話要軟下來，要學會讚美。

王華菊聽課後，覺得很有道理，立刻決定從自己做起。課間她打電話給老公，第一句話就是說：「老公，我愛你。」結果她老公一頭霧水，幸福來得太快，不適應啊，結婚二十年了，老婆從沒說過「我愛你」，今天怎麼回事？她老公擔心地說：「老婆別急，有話慢慢說。」

王華菊以為老公會很開心，沒想到老公完全搞不清楚狀況，她心裡更愧疚了，覺得自己真的很過分，在一起二十年都沒有對老公說過「我愛你」，於是王華菊情意真摯地又補了一句：「老公，我真的很愛你。」她老公瞬間嚇傻了，覺得妻子肯定有問題，趕緊說：「老婆你慢慢說，不管發生什麼事，我都能接受。」把天聊成這樣，真是超乎王華菊的意料。

回到家後，王華菊聲情並茂、神采飛揚地跟老公分享了定位課堂的內容。沒想到，她老公得出的結論是：「完了，老婆妳被洗腦了，那老師一定是搞直銷的，下次我陪妳去上課，當場揭穿他。」次月下一堂課，王華菊的老公真的來了。沒想到的是，她老公聽完課以後，比王華菊更「愛」我了。

以前的王華菊個性比較硬，在家裡是一言堂，動不動就發點小脾氣，現在會聊天了，整個家庭越發和睦，結褵二十年的夫妻找回了談戀愛的感覺。

更美的是，王華菊知道了如何跟兒子聊天，以前她的溝通方式就是說教，動不動就是「媽媽都是為了你好，要聽媽媽的」這種上對下的強勢溝通。現在，王華菊學會了軟，**知道溝通就是講對方想聽的，不是講自己想說的。**結果是母子關係大好，其樂融融。

意外之喜是，兒子興致高昂、心情愉悅，再加上王華菊又很會跟兒子的老師聊天，結果兒子的學業成績突飛猛進，居然考到了全年級前三名，這是令她格外驕傲的事，最後兒子考上了夢寐以求的大學。

與此同時，王華菊和父親的關係也發生了很大變化。王華菊個性直率、說做就做，有時候溝通會和父親發生摩擦。自從學會了定位式聊天，父女關係一下子春暖花開了。

這就是定位帶給王華菊的改變，整個家庭都如沐春風，老公、兒子和父親也都更愛王華菊了。

家庭關係的改變只是第一波，故事到此遠遠沒有結束。

第二波是王華菊的合作夥伴。王華菊是賣魚湯麵的，需要找店面。有一次，她找到一個非常滿意的店面，房東看起來是80多歲的老人，一個月的租金要2萬4千元人民幣。但藉由幾句簡單的聊天，王華菊居然用2萬元就把它租下來了。少了4千元可不得了，一年將近省下5萬元呢！

王華菊是怎麼做到的呢？她見到這位80多歲的老人後，開口第一句話就是「小哥哥好」，「小哥哥」三個字瞬間把老人的心融化了。王華菊只有40出頭，在這位老人眼裡，王華菊就是小仙女。被一位幾乎差了40歲的小仙女叫聲「小哥哥」，換作你，開不開心？

學會聊天真是有財運啊！心花怒放的房東老人家高興得合不攏嘴，雙方簡單聊幾句話後，馬上就簽了約。

房東把身分證拿出來後，王華菊一看，他年齡比自己爸爸還年長很多啊！王華菊最強大的地方就是明明已經知道人家年齡了，當她歸還身分證時，又加了一句：「哎呀，真看不出來呀，您有80出頭了，小哥哥。」老人家聽了自然心花怒放！

聊天有多重要！懂得聊天就是在賺錢啊！**定位就是教你聊好天，好好說話，人生開掛。**正因為如此，王華菊深得合作夥伴的歡心。

第三波，因為學會了聊天，王華菊在社會上見到任何人，都能夠迅速地管理好自己的情緒，跟誰聊天都聊得很好。

有一次，她從南京到上海，下了高鐵就排隊搭計程車，當她說要去虹橋商務區時，才知道只有兩公里遠。計程車司機等了兩小時，結果接到短程客人，司機瞬間火大了，吼她：「這麼近，叫什麼車！?」

這要是在過去，王華菊會馬上罵回去；學習定位後，王華菊變了，她馬上說：「對不起，對不起，給你添麻煩了，我真不知道這個地方這麼近啊！我下次保證不叫車了，對不起啊，您看這次就送我一下吧，小哥哥。」這麼一説，司機也沒脾氣了。

你看，王華菊具備了一種能力，就是「見面三秒讓別人喜歡她」，真是做啥都順風順水。她在南京創立了一個企業家俱樂部，短短幾個月就有兩百多位企業主加入，在當地頗具影響力，江湖人稱華姐。

最後講一下我是怎麼喜歡她的。

王華菊自從走進我的定位課堂以後，就迷上了定位。第一次學習後她就月月來課堂。

即便這樣，我也不一定能注意到她。可是王華菊很聰明的地方就是，她每次來都會讓我「偶遇」她，在餐廳門口、電梯口、樓梯口，或在飯店門口。每次遇見時，她也不跟我多説話，只説一句：「顧老師好。」碰到三、四次以後，我就開始關注王華菊了。

我發現這個人月月都來，每次都打招呼，但只説一句話：「顧老師好。」她每堂課聽課都很認真，而且更讓人心動的就是，當有時間跟她多聊幾句的時候，她每次都告訴我，她是怎麼在企業裡實踐定位的，以及定位帶給她家庭美好的改變。她從此不再説負面話語，永遠都是溫溫暖暖地説話。

如果你是我，有這樣一個學生，你開心嗎？王華菊就是「見面三秒讓你喜歡她」的人。

王華菊是迄今為止聽我的課次數最多的人，她連續十四期走進我的課堂。我每個月開一堂定位落地課，春節那個月不開課，這就意味著她花了一年多時間連續來上課，每次跟我見面都打招呼。她總是能把話講到人的心坎裡，總是講得你很開心。

到第十四期課程的時候，我跟王華菊說：「妳已經聽了這麼多次，應該很懂定位了，還需要我教什麼嗎？」王華菊說：「顧老師，我是做魚湯麵的，現在做得還不錯，可以多給我一些指導和幫助嗎？」

因為這一年多的接觸，我深深地被這位企業家打動了，一是她非常認同定位，二是她積極實踐定位，三是她願意改變自己。在定位的世界裡，我們說若願意改變自己，就一定會有所改變。王華菊做得很好，我喜歡上了這位企業家。我說：「那我投資妳，一起結伴向前走。」

屈特說，若你想獲得一個人的喜歡，最有效的方法就兩個，一是花錢，二是花時間。

花錢的方法有很多，買單是最快的破圈（註10）方式。

王華菊顯然是一個願意花時間的人。一個持續十四期都來追隨你、上你課的人，一定是對你很認同的人，這很容易在一個人的心中產生漣漪、產生喜歡，畢竟時間就是金錢啊！學會花時間也是一個獲得喜歡的好方法。

這是王華菊的定位實踐。如果你具備了「見面三秒讓別人喜歡你」的能力，你就是下一個王華菊，或者超越王華菊。你的家庭會越來越好，事業也會越走越順，也會有人不斷投資你。那麼先恭喜你，屆時你已經賺翻了！

註10 破圈為網路用語，由「出圈」延伸而來，意指某個人或其作品、職業、成就，突破既有圈子，被更多圈外人認識、接納甚至受到讚賞。

第二篇

02

定位是什麼

認知大於事實
認知強化事實
認知創造事實

第4章

定位的
底層邏輯

升級你的思維模式
否則再多學習也只是簡單重複

01

定位是外部指導內部

管理學大師杜拉克（Peter Drucker）曾經說過：「企業不是利潤中心，而是成本中心。成果在企業之外，取決於市場經濟中的顧客。因此，企業存在的目的只有一個，就是創造顧客。」

杜拉克更解釋道：「顧客有了為某種商品或服務付款的意識，或者說是意願，才會使得經濟資源轉化為財富，使得物品轉化為商品。企業自己想做什麼不是最重要的，特別是對企業的未來與成功而言，而且顧客購買和認定的價值並不是產品本身，而是效用。對於顧客來說，價值可以是任何事情，但唯獨不是顯而易見。」

以上總結出四個重要觀點：**企業存在的目的是創造顧客、成果在企業之外、顧客自己認知的價值最重要、認知價值絕不是顯而易見的。**

杜拉克提出成果在企業之外，但是他終其一生，都沒有回答在外部的哪裡。在生命最後的六個月，杜拉克仍孜孜不倦地探索：企業的成果在外，那它在哪裡呢？這是杜拉克一生都沒有解決的問題。但屈特給了答案，他明確指出成果在顧客的心智中，這就是屈特的偉大之處。

「定位」是屈特提出的一個全新概念，也是他對管理學、經濟學最大的貢獻。從此經濟社會之商戰，也由單一看得見的戰場（即工廠和市場），轉向看得見的戰場與看不見的戰場（即心智）這兩個戰場。

屈特早期在美國奇異公司（GE）廣告部任總監，他從廣告戰看到商業戰爭的變化。1969年，屈特關注到過往的事實已經從根本開始產生變化，即二戰後的美國僅僅用了二、三十年，就迎來了產品過剩和資訊爆炸，經濟戰爭的事實基礎已經發生了逆轉，那麼基於過往事實的老一代管理理論與經濟理論自然就要升級了。

1776年，有一位叫亞當・斯密（Adam Smith）的英國人，他寫了一本書《國富論》，由此開啟了經濟學這門學科，他更被稱為經濟學之父。在這之前，人類只有經濟，沒有經濟學科。

自亞當・斯密開始，到李嘉圖（David Ricardo）、馬克思（Karl Marx）、凱因斯（John Maynard Keynes）、泰勒（John Brian Taylor）、杜拉克等經濟學或管理學大師，他們都誕生於饑餓經濟時代，這上百年來經濟學、管理學的研究學者，其實都是在致力於解決人類吃飽飯、穿暖衣的問題，從這個角度看，他們的經濟學也可以稱為饑餓經濟學。

可是屈特敏銳地觀察到了世界的變化。

1913年，第一條工業流水線在美國福特汽車工廠誕生，福特汽車的生產效率提高了八倍以上。流水線的誕生，意味著人類機械化大生產成為可能，以美國為代表的西方國家率先迎來物質日益豐富，吃得好、穿得好的美好時光。

從亞當·斯密到杜拉克，原先物質缺乏的事實基礎開始漸行漸遠，

尤其是二戰以後，美國商業進入空前繁榮階段，市場上的產品越來越多，資訊越來越氾濫，人們發現賺錢變得越來越難了。

饑餓經濟時代在美國已不復存在，正式進入飽和經濟時代。

屈特基於新的事實基礎，即人類進入飽和經濟時代，產品供大於求，資訊極度氾濫，結合人類心智的五大基本規律（本章04節將詳細講解），推出了新一代經濟學理論——「定位」。

如果說1776年亞當·斯密的《國富論》是饑餓經濟學的奠基之作，那麼1981年屈特的《定位》就可以稱為飽和經濟學的開山之筆。

2001年，定位理論壓倒科特勒的4P行銷理論（註1）、波特（Michael Eugene Porter）的競爭理論（註2），被美國行銷學會（AMA）評為「有史以來對美國行銷影響最大的觀念」，2010年屈特推出了封筆之作《重新定位》。

註1 4P行銷理論意指行銷活動的四個要素，包含產品、定價、通路、宣傳。

註2 競爭理論為企業選定的市場範圍內追求競爭優勢的三種通用策略，分別為低成本、差異化及專注。

屈特一生寫了十三本定位系列書籍，其中核心的《定位》《商戰》（*Marketing Warfare*，台灣未出版）《與眾不同》（*Differentiate or Die*，台版譯名為新差異化行銷）《重新定位》（*Repositioning*，台灣未出版）皆由我翻譯成簡體中文版，成為商業類暢銷書。

《定位》解開了如何有效尋找企業之外成果的難題，就是以競爭為導向，在消費者心智中創建差異化、建立品牌認知，藉此創造顧客並引領企業基業長青，走向行業冠軍。

在以往的饑餓經濟時代是以滿足需求為導向，因為供給不足，誰也不擋著誰發財，生產出來就能賣掉，所以同行稱為友商。但在飽和經濟時代，競爭越來越激烈和殘酷，定位是以競爭為導向、以打贏為目的。所以，定位說商場如戰場，同行是敵人，一開始很多人對此不以為然。

我常常問學員、問中國大陸企業家一個問題：「你覺得應該用什麼詞來描述現代商業的特點呢？」他們常說的答案是合作、聯盟、夥伴關係、生態系統等。他們的回答其實從側面反映了商業競爭越來越像戰場，越來越激烈和殘酷的事實。

我們回顧一下整個人類社會的發展就會發現，在原始社會生產效率是低下的，供給是有限的。

後來大家開始尋求合作，以至後來產生更大的農業組織，就變成了農業組織和農業組織之間的競爭。工業革命以後，農業組織晉升工業組織。那麼哪個競爭更激烈呢？顯然是後者。

更強大的合作與更激烈的競爭，其實是一體兩面。我們現在就處於產品過剩的時代，供給遠遠大於需求，每種需求都會有無數人能滿足，消費者只會憑藉他們對於供給者的認知來做選擇。

因此，唯有以外部競爭為導向，才能找到企業的生存之地。這也是我在書中多次強調的概念：**你自己想做什麼不重要，對手給你留下的機會即空位很重要。**

舉個例子吧。今天的中國大陸，經過四十多年的改革開放，已經有很多人累積了可觀的財富。有一句話經常充斥在中國大陸企業家的耳邊，就是：「可以把自己的喜好或人生樂趣發展成事業。」

但定位理論說，這可能是一場災難。

就如同前文說過的「非常可樂」例子。1990年代，「非常可樂」投入了大量的人財物，而且在短短幾年的時間內發展迅猛。

可是定位很早就下了結論：「非常可樂」很難長大。這跟它的產品沒有關係，跟它的資源沒有關係，跟它的團隊沒有關係，跟它的老闆沒有關係，跟消費者喜不喜歡可樂沒有關係，是跟「競爭」有關係。因為非常可樂沒有先理解：「消費者為什麼要買你，而不買可口可樂和百事可樂？」

非常可樂的業績快速成長是在三四五線市場（泛指規模、影響力較小的地方市場，包括地區較發達的中小城市市場與鄉鎮地區市場）。因為在那個年代，可口可樂和百事可樂還沒有普及到中國大陸的三四五線市場，人們並不容易買到。所以想喝可樂，就近買到的只有非常可樂。

2000年後，電商開始崛起，通路逐漸從城市擴散深入到農村，人們發現在縣、鄉、村都能買得到可口可樂和百事可樂，只要線上下單就送到家，非常可樂的日子自此變得難過了。

非常可樂在市場上尋找的生存之地，當可口可樂和百事可樂一來就很難守住。可樂的機會即空位不在看得見的市場，而在看不見的心智。若沒有找到為什麼要買你，而不買可口可樂或百事可樂的理由，任何資金投資可樂賽道都會非常有壓力。

再次強調，你能做什麼不是由你決定，而是由對手決定。只有找到外部存在的空位在哪裡，再以此來引導企業內部營運，這樣才有機會打贏商戰。

02
定位的本質是讓消費者買單

一直以來，企業都是將產品當作經營的出發點，不同企業之間的競爭也是看誰家產品更好，企業經營以產品為核心進行配置。

在相當長的饑餓經濟時代，全世界的企業都是這麼實踐和經營的。**定位理論指出：在飽和經濟時代，企業競爭的不再是產品，而應該針對潛在顧客的心智，去搶占顧客的認知。企業的實力來自品牌在潛在顧客心智中所占據的位置，而非產品本身。**

在《定位（*Positioning*）》一書中，屈特指出：定位從產品開始，可以是一件商品、一項服務、一家公司、一個機構，甚至一個人，也許就是你自己。

+ 心智是企業真正的戰場 +

定位從來不是以產品為核心進行，而是以潛在顧客心智為核心展開。也就是說，顧客心智才是企業真正的戰場。

前文提過，競爭的地點不再是看得見的「工廠和市場」，而是轉移到了看不見的「心智」。心智就是我們的大腦，定位就是在心智中建立一個有利於自己，而不同於競爭對手的認知。

企業用幾十年時間打造品牌，終極目標就是要在消費者的心智中留下對自家品牌的認知。於是當消費者有品類需求時，他第一時間就會想到占據他心智的品牌。有了品牌認知，才會進一步產生購買行為。

消費者的選擇並不是在他下單付款的那一刻產生的，也許他走進店裡或者上網前就先選好了，因為該品牌在消費者心智中種草（註3）了。要想成功種草，簡單說就是要占據消費者的心智階梯。

那要怎麼搶占消費者心智？懂得「傳播」。

傳播是品牌進入心智的唯一方式，人的心智是海量傳播的防禦物，遮罩、排斥了大部分資訊。一般而言，人的心智只接受與過往知識、經驗相匹配與吻合的認知，所以一定要削尖你的資訊，使其能快速地鑽入消費者心智裡。要如何進行？有三步：

第一步，輸入一個簡單易記的差異化概念；

第二步，提煉高感知價值的表達，把它傳播出去；

第三步，傳播重複的資訊，讓它時常出現在顧客心智中。

接下來以醬香酒（註4）為例，進一步闡述在消費者心智中如何建立認知，並且打贏競爭。

眾所周知，醬香酒市場競爭激烈。在中國大陸的幾大酒類中，紅酒、啤酒和保健酒的成長速度都乏力，只有白酒呈快速成長態勢。

在白酒的世界裡，你仔細觀察就會發現，濃香、醬香、清香、米香中，只有醬香保持了雙位數的成長。

在醬香酒的世界裡，我們又看到茅台一家獨大。茅台成為醬香酒絕對的領導者，同時也是醬香酒市場最大的受益者。

如何才能在醬香酒的市場中脫穎而出，享受到醬香酒快速成長的紅利呢？你需要一個清晰的定位。

講一個案例，品牌叫雄正，源於貴州省仁懷市茅台鎮。在醬香酒的世界裡，雄正有著非常獨特的文化基因，然後起初並沒有被雄正集團創始人、董事長張再彬意識到。

雄正最初在市場競爭中對外傳播的資訊是「雄正醬香酒，香正味醇」。然而站在消費者的角度，這很難被認同，香正味醇的應該是茅台。

註3 種草為網路用語，意指商品經過他人推薦〔如朋友或網紅等〕，使消費者萌生購買慾。

註4 醬香酒為白酒的一種，以茅台酒為代表，是一種以高粱為主要原料的蒸餾酒。

由於傳播無效，更準確地説，由於定位的不清晰，雄正遭遇了挑戰。

2016年，雄正的董事長走進我的課堂。自從學習定位以後，雄正就開始實踐和運用定位，取得良好的成果，獲得市場的認同。顯然，雄正後來找到了自己的定位。

十 雄正醬香酒建立心智認知 十

故事從醬香酒的起源開始。雄正醬香酒源自仡佬族，仡佬族是中國大陸五十六個民族之一，是茅台鎮的原住民。茅台鎮總共有八個民族，另外七個民族包括我們漢族，都是後來才遷移進去的。

仡佬族對中華民族最偉大的貢獻之一，就是他們發明了醬香酒，據司馬遷的《史記》記載，西元前135年，仡佬族釀出第一罈醬香酒。只是當時沒有蒸餾技術，所以叫枸醬。

枸醬還被獻給漢武帝，漢武帝稱讚：「甘美之。」從這段歷史中我們發現，仡佬族在兩千多年前就已經善於釀酒了。

仡佬族的「仡」是強雄的意思，「佬」是正義的意思，「雄正」的命名由此而來。仡佬族發明了醬香酒，雄正也是仡佬族唯一傳承的一瓶酒，非遺傳承人（負責傳承中國大陸國家級非物質文化遺產名錄項目的專業人士）就是張再彬。

仡佬族自古注重祭祀，祭祀台常年日曬雨淋長出青草，就叫茅草台，茅草台後來簡稱茅台。你看，茅台酒的名字與仡佬族有著千絲萬縷的聯繫。

在大量的歷史和現實調查研究之後，我們發現仡佬族其實有一個非常優美和完整的品牌故事，表達如下：

西元前135年，仡佬族釀出第一罈醬香酒

西元1951年，茅台誕生，青出於藍

雄正，醬香酒本來的味道

仡佬族非遺傳承人釀造

第一句話是說仡佬族發明了醬香酒；第二句話是說茅台做大了醬香酒；第三句話是說若有一天你想嘗嘗醬香酒的原汁原味，可以買一瓶雄正，品嘗醬香酒本來的味道。雄正醬香酒最獨特的地方，是它的大麯中有二十六味草本植物，這是它的千年祕方，正是因此雄正醬香酒喝起來特別乾淨。

雄正醬香酒的品牌故事是以仡佬族千年釀酒的歷史為傳承，讓消費者感受到它的獨特之處，仡佬族也得到茅台的高度認同。

2021年9月24日，茅台新任董事長丁雄軍在與股民的第一次見面會中說，要感謝「四老」：第一是老天爺，因為茅台鎮這個地方天然適合釀酒；第二是老祖宗；第三是老領導；第四是老百姓。

這個排第二的老祖宗便是仡佬族。丁董事長說：「我查了一下歷史資料，本土最早釀這種酒的是濮人，也就是現在的仡佬族。我們感謝老祖宗，是他們不斷探索、總結，為我們傳承這套傳統釀造工藝。」

貴州仁懷號稱有三千家酒廠，能讓茅台指名道姓互動的只有仡佬族，並且尊其為老祖宗。雄正是仡佬族唯一傳承的醬香酒，與眾不同的文化基因，使其一下子從貴州醬香酒品牌中脱穎而出。

+ 雄正的購買理由：醬香酒本來的味道 +

第一次工業革命以來，全世界都嚮往西方，喝酒要喝洋酒。可是我相信，隨著中華民族的偉大復興，越來越多人會喜歡中國白酒，誰能代表中國白酒呢？茅台應該是當仁不讓的首選。

誰有可能第二？雄正躍然而出。

仡佬族發明了醬香酒，茅台董事長尊其為釀酒老祖宗，雄正做為仡佬族唯一傳承的一瓶酒，其未來無限可期。2021年10月14日，茅台酒節的祭文有寫：

「思我茅台，震古鑠今；跨越千載，一脈相承。其源也遠，其技也精，其香也美，其位也尊。昔濮人善釀，醇香傳黔域以遠；漢帝禮讚，酒史留枸醬之名。」

答案在仡佬族。茅台跨越了千載，延續的是濮人的釀酒技藝，仡佬族上千年悠久的釀酒歷史，是茅台走向世界的自信來源。

03
要嘛成為第一，要嘛幹掉第一

定位的最終目標是護航企業成為行業老大，屈特認為「成為第一」是企業取得成功的捷徑。

我提個問題，大家就能感受到成為第一的重要性。請問中國大陸第一個上太空的太空人是誰？楊利偉（註5）。那第二個、第三個呢？有可能你回答不出來，即便能回答出來，也要費心想一下。

你會發現一個很有趣的現象，就是楊利偉先生上太空是沒出艙的，而中國大陸第二個太空人上太空時打開了艙門，走向了茫茫的太空世界。

也就是說，從技術來看，或從產品本身來看，第二個太空人是更厲

註5 楊利偉是第一位被中國航天計畫送上太空的人，於2003年10月15日，乘神舟五號飛船進入太空。

害的，然而他卻沒被你沒記住。

為什麼會出現這種情況呢？

答案顯而易見，因為楊利偉先生是第一個進入人們心智的。人們常常只記得第一，對第一的印象最深刻，無論你談過多少次戀愛，你永遠忘不掉的就是自己的初戀。屈特經常說的一句話就是：「成為第一勝過做得更好。」

再舉個例子。如果你在中國大陸和美國問消費者：「哪個品牌是防蛀牙膏？」你會得到完全不同的兩個答案。

如果你在中國大陸問，可能大多數人的答案是高露潔，如果你跑到美國問，那美國人民給你的答案可能就是克瑞斯（Crest，寶僑公司旗下的口腔護理品牌）。因為在美國，防蛀牙膏是克瑞斯首先推出來的。

全球第一個推出防蛀牙膏的是克瑞斯，牙醫推薦防蛀牙膏的廣告也是克瑞斯首先在美國推出的。可是當這兩個品牌進入中國大陸市場時，卻是高露潔率先在中央電視臺推出防蛀牙膏的廣告。1990年，那個廣告讓高露潔宣傳的防蛀概念迅速進入了消費者的心智。後來，無論克瑞斯如何努力，也沒辦法反轉這個既有認知。

高露潔和克瑞斯的故事告訴我們：第一個進入消費者心智的就是贏家，哪怕你是一個模仿者。

＋ 成為第一勝過做得更好 ＋

在定位的世界裡，我們經常說認知大於事實。這個世界沒有真相，沒有事實，也沒有客觀，只有認知和主觀。其實每個人都有機會獲得成功，只要你能第一個進入消費者的心智，哪怕你本身就是一個模仿者，這就是屈特說的「成為第一勝過做得更好」。

如果你不能在某個品類成為第一，那麼你應該找到一個新品類，讓自己成為第一。即使是市佔率第二，也必須在某個細分品類是領先者，這才是不被邊緣化的前提。

比如百事可樂，它在飲料市場中排名老二，可是百事可樂的定位是「年輕一代的選擇」。也就是說，在年輕人的可樂這個細分品類裡，百事可樂是領先者，它是第一，這也是百事可樂最後沒有被邊緣化，能存活下來並走出自己的路的最重要原因。

美國的可樂市場並不是一開始就只有兩個品牌，這個市場經歷過上百年的演變。1886年可口可樂誕生，在之後的三十年，有一百多個可樂品牌誕生，其中就包括百事可樂。

百事可樂誕生於1902年，但是商戰打到今天，我們發現在美國的可樂市場上大概只能看到可口可樂和百事可樂，其他品牌在這場百年的可樂發展史中一直是陪跑，最終都消失了。百事可樂之所以能活下來，很重要的原因是它找到了自己的細分賽道，並且成為這個細分賽道的領導者，因此它成功地活過了百年。

1983年，百事可樂做了一件震驚美國市場的大事，就是它啟動了「年輕一代的選擇」這個戰略。它在廣告中是這樣訴說的：

「我知道可口可樂是經典的可樂，是爸爸媽媽喝的可樂。如果有一天，你不想和爸爸媽媽喝一樣的可樂，來吧！我叫百事可樂，年輕一代的選擇。」

「年輕一代的選擇」這個戰略制定以後，百事可樂做了大規模的傳播，其中最重要的一項就是聘請了麥可·傑克森（Michael Jackson）做代言人，那一年，他才二十五歲。

大家想像一下這些幾歲、十幾歲的孩子，受到天王巨星麥可·傑克森影響的結果。百事可樂一下子就風靡了美國市場，市佔率一直拉升，成為可口可樂最大的競爭對手。

百事可樂與可口可樂的這場戰爭終於結束了可樂長達百年的競爭史，從1886年到1983年，接近一百年的商戰打下來，可樂市場中的一百多個參與者到最後只剩兩家。

百年商戰帶給我們的啟示就是：**如果你是某個品類的後發者，其實並不需要在主賽道跟老大展開激烈的競爭，還不如選一個細分賽道，讓自己成為這個細分賽道的老大，這裡的重點就是無論如何你都要找到它。**

+ 定位護航成為第一 +

講完「成為第一」，接下來聊一聊「幹掉第一」。

2002年，定位理論進入中國大陸，迄今已經有二十多年了，幾十年間發生了很多後來者居上的故事。

2009年，在電動車世界裡，雅某電動車第一個走進定位，並迅速以定位為指導戰略，發力狂飆，走上了老大之路。他們推出的第一個定位廣告：

現在哪個電動車賣得火啊？雅某！
雅某電動車年銷量超百萬，連續三年行業領先
品質可靠，當然更受歡迎
雅某電動車

當時整個電動車行業有一千兩百多間廠商，雅某排在第五六名，説自己是行業領先，倒也不為過。

同行是怎麼看雅某的廣告？當時的行業老大是愛某電動車，愛某之前的行業冠軍是新日電動車。也許同行沒什麼感覺吧，在同行的認知中，雅某也只排五六名而已。

可是行內怎麼看是一回事，消費者怎麼看又是另一回事。消費者看到雅某推出行業領先的廣告，第一個反應可能會覺得雅某是領導者，

因為消費者對「領先」的認知就是老大。

雅某第一個在行業裡打出「領先」廣告，迅速得到了市場的積極反應，品牌很快進入消費者的心智並得到認同，銷量開始直線上升。

2010年，雅某持續加力，繼續打出自己的定位廣告，只是這次換成了行業領導品牌。「領先」成了「領導」，這下好了，在消費者心智中更加認定他就是老大了。

雅某的成功給我們一個很好的啟示，就是**內行人的觀點和消費者的看法往往是不同頻的。**

也許整個行業都知道雅某在當時的行業地位和行業排名，但是身為一般消費者，他不會知道。這一點很好理解。比如隨便說幾個行業，你知道男裝或女裝產業的老大是誰嗎？你知道皮鞋產業的老大是誰嗎？你會發現其實消費者並不知道誰是產業冠軍。

大多數消費者對於各行各業並沒有清晰完整的認知，只有行內人才知道誰是真正的老大，這就是我們講的資訊不對稱。巧用、善用這些不對稱資訊，可以形成有利於自己、不同於對手的認知，有利於自己打贏商戰。

雅某就是善用了這一點，「領先」廣告植入消費者的心智，潛在顧客對於雅某品牌的認知一下子就躍升到老大地位，於是雅某銷量爆發。

到2017年，雅某取代愛某成為電動車產業的冠軍，而且一直領先到今天，依然是這個產業的老大。

一朝領先，步步領先。走上定位之路的雅某越戰越勇。2022年，整個電動車行業全國出貨量在五千萬台左右，雅某一家獨大將近一千五百萬台，而愛某接近一千萬台，你看老大超出50%了。

這就是屈特提出的50%法則。成熟市場往往就是這樣，一個行業長期來看，最終會發展成：老二的銷量是老大的一半，老三的銷量是老二的一半，如此迴圈下去。老大一旦獲得領先，那它就會長期存在。從2017年到今天，整整八年的時間，雅某一直在市場上居於領先地位，這就是定位的預判。

一旦你提升了認知的高度，那麼未來會發生什麼，可能超乎你的想像。屈特講了一句非常經典的話，他說：「**走進定位，你之前賺到的所有錢都是零頭。**」這就是定位的魅力。

走進定位，你要嘛成為第一，要嘛幹掉第一。定位的終極目標就是護航企業做老大。

定位理論在中國大陸實踐了二十多年，成就老大的故事一直在此輪番上演。

04
定位的基石：心智五大規律

「買」的動機是由人們的心智決定的。理解人們心智的運行規律，是成就企業實現「消費者購買」的有效途徑，它也必然會成為企業決策者非常重要和必須完成的任務。

心智五大規律是定位理論的基石。在實施定位戰略之前，我們必須透徹地理解這五大規律。

以下透過企業的真實案例，讓定位的基本概念與企業的實際工作相呼應，使大家能更好地理解這五大規律的深刻內涵。

＋ 第一，心智缺乏安全感 ＋

2011年，我在杭州開定位課。有位學員是做節能照明產品的，他跟我說：「顧老師，我們的產品不比飛利浦差，但是我們的價格沒有飛利浦的一半。」

他的話觸動了我，我就去五金商店裡看看市場情況。在節能照明產品包裝的背面，我看到的飛利浦能效等級標註的是3，而國產品牌的能效等級標註的是2（中國大陸的能效等級標示分五等，數字越小代表耗能越低，節能效果較佳）。

當我問價格時，店員卻告訴我：「這兩個同樣照明度的節能燈，飛利浦賣18元人民幣，國產品牌賣12元。」

有意思吧？我們很多企業家，特別是技術出身的企業家常常以品質為上，他們的產品品質很好，甚至有國家標準為證，可是賣的價格卻更低。為什麼會這樣？

這就是「心智缺乏安全感」在發揮作用。缺乏安全感的心智會認為「品牌」的信任度勝於「產品」，人們不相信知名品牌的品質會比心智中沒有位置的品牌更差。

品質更高，價格就會更高，這只是事實合理的邏輯推理，而「現實」往往和「邏輯」是不一樣的。因為人們的心智既理性又感性，消費決策也是在理性和感性的綜合作用下做出來的，所以光只有事實合理，不能讓企業勝出。

因此，沒有品牌思維，只強調品質的結果很可能是產品品質很好，但賣得不好。

在職場生活中就有類似情況，一個新人進到陌生環境時，他會很沒有安全感。在市場上也是這樣，消費者在貨架上看到新產品時，我們無法立即相信它，品牌要如何解決消費者不信任的問題呢？建立信任基礎，降低不安全感。

講個有趣的故事。2006年是中法文化年，中國大陸的產品去法國參展，法國的產品來中國大陸參展。中國服裝協會當時打電話給幾個服裝大廠，想邀請它們去法國參展，最後只有勁霸男裝（主要經營夾克和商務休閒男裝的中國大陸服裝公司）提出申請，最後如願以償地去了法國羅浮宮參展。

參展回來後，勁霸男裝很快打出一個廣告，內容簡單直接——「勁霸男裝，唯一入選法國巴黎羅浮宮的中國男裝品牌。」

問題來了，為什麼其他服裝大廠不報名，只有勁霸男裝報名呢？因為勁霸男裝是中國大陸第一個走進定位的服裝企業。在勁霸男裝的認知裡，它是有信任基礎這個概念的。

其他服裝大廠沒有接觸定位理論，所以它們不知道心智，不知道認知，不知道信任基礎是重要的。當我們有更高階的思維——「定位」以後，再去看這次參展，就會發現它有著非同尋常的戰略意義。

這就是我們講的商業競爭。**從本質上來說，它是一種思維的競爭，而不是產品的競爭。當你的商業思維比對手更高階的時候，你就會發現，戰爭就變成了三維打二維，降維打擊，能贏得今天戰爭的根本就在於此。**

十 第二，心智容量有限 十

我在第一章提過瓶裝水的例子，能寫出七個品牌以上的人，那你可能是行家！因為瓶裝水是高頻率消費的產品，這個數據結果具有普遍意義和代表性。

哈佛大學心理學家喬治・米勒博士（George Armitage Miller）的研究指出，普通人的心智不能同時處理七個以上的品牌。

為了應對資訊爆炸，大腦學會將產品分類和分級。我們可以想像自己大腦中有許多產品品類的梯子，每個梯子從高到低有七級階梯（心智容量有限，這已經是最高的梯子了），每個階梯上掛著一個品牌，最上頭階梯掛著的品牌就在消費者心中占有最高的優先順序。

企業都在試圖進入消費者的心智階梯，而且排得越高越好。隨著品類（梯子）不斷增多，人類的心智會傾向於把每個梯子縮短，因此即使品牌掛上了梯子，如果不力爭上游，可能也會被消費者的心智縮減掉。這也是為什麼成熟市場往往最後會演化成數一數二品牌的競爭，第三名和第四名的市佔率與前兩名差距很大。除了數一數二，其他都是邊緣化的品牌。

想想那些你根本說不出名字的瓶裝水品牌，它們從研發到生產、從銷售到通路、從產品包裝到市場廣告花了多少錢？然而大部分人根本不知道它們的存在，是不是很悲哀？為了避免這樣的事情發生在自己身上，我們必須深刻了解這條規律，進入消費者心智並不是最終目標，爬到第一層才是，因為心智容量有限。

再說一個美國的經典案例。通用汽車（General Motors），在美國家喻戶曉，可是最後它還是破產了。中國大陸也有這樣的案例，就是前文提到的非常可樂，它的銷量遠不如可口可樂和百事可樂。也就是說，知名並不等於購買。

很多企業家說：「我做了廣告啊，我請了代言人啊，我在中國大陸家喻戶曉啊。」家喻戶曉不等於銷售節節攀升，這是完全不同的兩個概念。

那麼「心智容量有限」對應的定位原則是什麼呢？

差異化、差異化、差異化。

品牌一定要有差異化，這個差異化能夠讓消費者記住你。

講到這裡，我馬上想到一個非常有意思的廣告「腦白金[註6]」。腦白金的廣告在中國大陸可謂家喻戶曉，而且暢銷了十幾年，你知道為什麼嗎？因為它給消費者一個很獨特的購買理由：它會讓你的睡眠特別好。

消費者很可愛，怎麼說是一回事，怎麼做又是另外一回事。他一面抨擊腦白金的廣告，另一面卻不斷地購買。

有差異化贏，無差異化死。

註6 腦白金是中國大陸知名保健品品牌。

十 第三，心智很難改變 十

不管你用不用霸王洗髮液[註7]，由於「霸王」採用了中藥配方，它的獨有特性「中藥養髮，使頭髮烏黑濃密」都已經進入了你的心智。

霸王集團像很多企業一樣，成功後也做品牌延伸。它的邏輯推理大概是這樣的：既然霸王在洗髮液上成功了，同樣是用草本植物，把「霸王」用在涼茶上，肯定也會成功。

霸王花了巨資研發和推廣涼茶，那麼結果呢？霸王涼茶的營業收入顯然是不及預期的。沒有大賣的原因是「消費者心智很難改變」。

霸王洗髮液的成功，讓人們把「霸王」與能養髮、黑髮的洗髮液連結在一起了，並占據了心智中的位置。

成也是它，敗也是它。大家在喝霸王涼茶時，體會不到廣告中所說的「霸王涼茶，好喝有回甘」。在消費者的心智中，霸王就是洗髮液，怎麼會是涼茶。

撰寫本書時，我特意再次查看了一下霸王官網，霸王集團做了取捨，放棄了涼茶，順應消費者認知──「霸王」等於「防脫髮洗髮液」，而且其他新業務再沒有借用「霸王」品牌。

我們不評論該集團新品牌的定位是否正確，至少霸王吸取了以前的經驗，沒有再用霸王品牌做延伸。這就很值得按讚！

註7 霸王是中國大陸洗髮精品牌，以中草藥洗護髮市場為定位。

心智很難改變的一個重要原因是「常識」。

人們的心智中存有許多常識，最佳的方式不是挑戰它們，而是順應常識。透過霸王涼茶，你理解到心智很難改變，也就能迅速知道為什麼格力(註8)手機很難做成功，因為格力就是空調啊，怎麼可能是手機。

最近在中國大陸掀起一股跨界風潮，茅台的跨界動作頻繁，一會兒跨界咖啡，一會兒跨界冰淇淋，一會兒跨界巧克力。茅台的不斷跨界，在引發消費者興奮的同時，也引發我們的思考：「茅台咖啡會熱賣嗎？」

茅台有很多品牌延伸。比如茅台紅酒，茅台紅酒會熱賣嗎？還有茅台啤酒、茅台不老酒等。茅台越強大，延伸產品壓力也會越大！

在消費者心智中，一個品牌只能代表一個品類。

「品牌需要單一化，公司可以多元化」，這就是定位說的單焦點、多品牌戰略，一個公司可以用多個品牌跨多個品類，但是一個品牌只能聚集一點。

「心智很難改變」對應的定位原則就是順應常識。既然心智很難改變，那我們就順應常識，得到心智的認同，這就是最好的跨界。

有個成功案例「雲南白藥創可貼(註9)」。它的廣告是：「雲南白藥創可貼，有藥好得更快些。」這個定位戰略非常成功，因為它的競爭對手邦迪(Band-Aid)(註10)正好是「沒藥」，它跟競爭對手明顯地區隔開來。

更重要的是，在消費者的心智中，有止血作用的雲南白藥對傷口是正面加分項。正因如此，雲南白藥創可貼很快獲得了成功，甚至一度超過了邦迪。這就是利用自身特性成功跨界的典型案例。

＋第四，心智厭惡混亂＋

只要你留心觀察就能看到，很多企業正在做「讓消費者心智混亂」的事情，花了很多錢，創意卻總是無效。

舉兩個知名茶葉品牌的例子，「八馬茶業」和「小罐茶」。

八馬茶業的早期廣告對消費者是這樣說的：「八馬商政禮節茶，茶到、禮到、心意到；有情，有義，有八馬。」這是一款有代表性的創意型廣告，講的是八馬的茶葉很不錯，產品挺好的，但表達不夠清晰。

廣告對於消費者，就像開車時看車外的指示牌一樣，一閃而過。八馬茶業的目的是「創造朦朧意境」，用這樣的語言的確有著押韻之美，但沒達到廣告目的──給消費者簡單、清晰的購買理由。很多企業在廣告上投入不少費用，卻沒有清晰的定位，非常可惜。我們再來

註8　格力是中國大陸電器大廠，從2015年開始跨足手機市場，但銷售並不理想，於2023年放棄手機事業。

註9　創可貼即為OK繃，此為雲南白藥集團推出的商品。雲南白藥集團是中國大陸的中醫醫藥研發和製造、批發和零售企業。

註10　邦迪是美國強生醫療產品公司的OK繃註冊商標。

看看小罐茶對消費者是怎麼說的：「小罐茶，真空充氮包裝，一罐一泡，品嘗八位製茶大師的原味。」

無論你是否喜歡小罐裝的茶，也不管你是否屬於它們的客戶群，但你肯定清楚小罐茶在說什麼——由特殊的包裝工藝來保證你品嘗製茶大師的原味，「一罐一泡」聽起來有點奢華，這肯定是高級茶，可能價格比較高。

小罐茶的行銷的確為產業帶來一股不一樣的清流，值得廣大製茶企業思考。至於它走的禮品賽道（小罐茶從上市起便主打「禮品」的需求，以此打造商品定位）是否可持續，這又是另外一個話題。

公牛插座（註11）也是個不錯的案例。它是這樣對消費者說的：「電器火災猛於虎，請用公牛插座，保護電器、保護人！」

公牛與消費者的對話簡單、清晰，感覺很沒「創意」，更沒有用詩一般的語言。但是，它十分有效！

公牛花了二十八年聚焦於製造插座，2022年的銷售額達140億人民幣。但其實，公牛走到今天也不是一帆風順的。

2001年，公牛插座銷售量已經攀升到整個行業市佔率的20%，因此他們自然認為，能賣插座的通路也能賣節能照明產品，於是公牛開始進軍這個市場，但後來立即發現品牌延伸、不聚焦帶來的危險，讓

註11　公牛是中國大陸插座製造商，主營產品包括轉換器、智慧電工照明產品以及數位配件等。

它及時懸崖勒馬，走回主業。

這幾個案例讓你體驗了消費者心智喜愛簡單，**你要把複雜的故事簡單說，簡單的故事重複說。**

「心智厭惡混亂」對應的定位原則就是「簡單」。只有夠簡單，才能進入消費者的心智，用簡單的原則制訂你的定位戰略。

什麼是簡單呢？在這裡分享「簡單三要素」。

第一，只說一個概念。「怕上火喝王老吉」，清晰地表明王老吉是降火氣的飲料，可是涼茶不僅可以降火氣，還能祛濕、祛暑、解毒。然而王老吉並沒有說怕有濕、怕中暑、怕中毒，只說了「怕上火喝王老吉」，因為單一概念更容易進入心智。

第二，需要解釋的不說。為什麼只說「怕上火喝王老吉」，而不說「怕有濕」呢？有個很重要的原因就是北方人並沒有濕的概念，他們只有乾的概念。所以請各位記住，任何需要解釋的都不要說。

第三，對方能說的不說。如果你說的概念，競爭對手甚至是你的行業老大也能說，偏偏你還是老二或者以下的品牌，那麼你就千萬不要說，不要說一個行業中共有的概念，因為你說了以後，如果老大迅速反應跟進，那麼老大在說這個概念的時候，很多消費者就會只認老大。

你本來是原創，最後就淪為跟風了，如果你的成功是基於老大會不會迅速反應，這對於制定戰略來說，風險就太大了。

十 第五，心智易喪失焦點 十

因為消費者的心智容易失去焦點，品牌就應該專注並且聚焦。

格蘭仕就是這方面的典型案例。格蘭仕創建於1978年，1990年代初涉足微波爐行業，一開始幫國外品牌做代工（OEM），後來轉為做自己品牌的微波爐。它非常專注，十年磨一劍，隨著能力和實力不斷壯大，1999年銷量突破六百萬台，躍升為全球最大的專業微波爐製造商。2001年，格蘭仕開始做品牌延伸，實施多元化，包括進軍空調市場。

有一次，公司副總上中央電視台《對話》節目，主持人問他：「價格戰是格蘭仕制勝的一個戰術呢，還是企業的一種策略？」

他回答：「應該是一種策略，價格戰是一種薄利多銷的、最基本的策略。」他同時表示：「很多人認為價格戰是最低級的競爭方法，這是個誤解，因為從市場學的角度來看，打價格戰還是最基本的方法。比如日本打開歐美市場，就搞價格戰，韓國打開歐美市場靠的也是價格戰。」

不僅如此，副總還說要以雷霆之勢，殺進空調業，接連不斷地大幅降價，攪得家電江湖上腥風血雨，其參與競爭的有力武器就是低價策略，其目的就是要摧毀「打價值不打價格戰」的真實「謊言」。

這位副總在節目中提到日本和韓國的企業，和已經實踐定位的美國企業競爭時節節敗退。**對於價格戰，定位的觀點是：低價是個空位，可以賣得便宜，但不要訴求便宜。**

提到格蘭仕，人們第一個想起的就是微波爐，這是不爭的事實。雖然在微波爐取勝的戰役中，格蘭仕可能也採取過低價策略，但是取勝的核心並不是「低價」，而是格蘭仕等於微波爐。

人們對格蘭仕是微波爐的認知如此之深，導致消費者在聽到格蘭仕時就會想到微波爐，而不是空調。其實消費者的心智已經做出了有力的回答，格力空調比格蘭仕空調價格高，但仍然是中國大陸空調市場的領導者，格蘭仕的低價策略沒起多大作用。可是在微波爐市場，格蘭仕會因為其品牌延伸而受到傷害。

品牌是蹺蹺板，它不能同時擔起多個角色，當新的一端升起，老的一端就會受到傷害，企業必須做出取捨。

成功的企業都非常聚焦，一個品牌只以一個概念出戰，植入消費者的心智，聚焦是成功的保證。例如，加多寶代表涼茶、寶馬（BMW）代表駕駛、富豪（VOLVO）代表安全、格力代表空調、順豐代表快遞、海倫仙度絲代表去頭皮屑，飛柔代表柔順，同仁堂（中國大陸知名中醫、中藥品牌）代表中藥，老乾媽（中國大陸知名油辣椒、辣醬風味食品品牌）代表辣椒醬，諸如此類。

「心智易喪失焦點」對應的定位原則就是聚焦，做少不做多。在定位的世界裡，經常講的一句話就是「多即是少，少即是多」。

2005年，趕集網（註12）誕生。趕集網的定位是「啥都有」，一個啥都有的網站顯而易見做起來非常辛苦，因為這挑戰了人們的認知。

就好像我們去醫院看醫生，如果你的心臟不舒服，你就會找心臟外科；如果你的胃不舒服，你就會找腸胃科，而不會去看骨科或其他科別。

做企業也是一樣，做多不容易獲得成功，做通才不容易獲得成功，而要做少、做專才才會成功。定位講聚焦，當你聚焦在某個細分賽道把自己做成專家的時候，你就已經打贏了99%的企業。小結一下，面對心智的五大規律，我們應該怎樣做。

一，心智缺乏安全感：建立信任基礎。成為第一、領導地位、傳承經典、熱銷流行、最受青睞、市場專長等差異化定位都能為心智帶來安全感。

二，心智容量有限：尋求差異化。進入消費者的心智階梯，追求的目標是占據第一位置。

三，心智很難改變：順應認知。即使是企業重新定位，也只是重組認知，就是在已有認知上進行匹配，別做改變消費者認知的事。

四，心智厭惡混亂：簡單，簡單，再簡單。不要跟著標竿企業學它們的戰略，那是趨同化。企業戰略要差異化，得與眾不同。

五，心智易喪失焦點：聚焦，少即是多。否則，品牌就會在消費者心智中失去焦點。如果企業完全具備多元化的條件，也不要用品牌延

註12 趕集網是創立於2005年的入口網站，於2022年轉型為專注於人力資源的招聘網。

伸的方法，可以採取多品牌戰略。

總之，在你的世界裡，你可能覺得自己的品牌重如泰山，而在消費者的認知裡卻是輕如鴻毛。這個世界沒有「真相」，只有消費者的「認知」。因此，你想做什麼不重要，**關鍵是你的競爭對手在消費者心智中留下什麼空位，能讓你做什麼。**

競爭之地根本不在工廠和市場，而在消費者的心智中。一旦消費者心智中建立起有效認知，這場商戰你就贏了。

第5章

定位就是聊個天

嘴是你一生的風水

01
見面三秒讓對方喜歡你

有一年，我帶了學習定位的七十二家企業董事長，一起去廣西柳州金嗓子基地(註1)參觀學習。我對那次報名的印象非常深刻，大家非常積極，很多人都知道廣西金嗓子，也知道董事長江佩珍，但是沒幾個人見過，更別説跟董事長近距離互動了。這個難得的學習機會，一下子就得到了課堂同學們的積極回應，很快就成行了。

江董事長有著極其豐富的傳奇經歷，是第一代中國大陸創業者的典範。在和江董事長打交道的過程中，她讓我留下了非常深刻的印象，我至今仍很感慨。先分享幾個關於江董事長的小故事。

註5 廣西的金嗓子集團創立於1956年，專注於製藥和食品健康產業。董事長江佩珍女士先後榮獲第五屆中國改革開放三十年百名女性新聞人物、全國十五大傑出創業女性、中國十大品牌女性。

江董事長13歲就進了柳州糖果二廠。她當時做的是最基礎的工作──包糖果，但她手腳很靈活，動作迅速，很快就成了業務能手。

江董事長在每天工作結束後，會抓幾把包好的糖果丟在班組長的筐子裡。那時候是按件計酬，包的糖果越多，獲得的報酬就越多。江董事長這麼做，顯然是幫班組長增加收入，我很好奇，就問江董事長真正的原因。

江董事長說，因為班組長看她年紀小，一直很照顧她、關懷她。但她能力有限，也無力回報。她想到自己包糖果的速度比全廠大多數人快，所以每天工作結束時就放糖果在班組長的筐子裡，以此感謝班組長對她的照顧和關愛。

聽完以後我格外感慨，才13歲，這麼小就有感恩的心，也知道用最單純的方法去回報照顧和關愛她的人。

還有一件事，江董事長也讓我留下很深的印象。有一次她參加我的課程，沒有用自己的真實姓名，也沒有以金嗓子的名義報名。當江董事長坐在我們課堂上的時候，我們沒有一個人認出來她就是大名鼎鼎的廣西金嗓子集團的董事長。

當時江董事長被安排坐在靠近教室門口的座位，剛好江西草珊瑚（註2）的董事長也在課堂上聽課。課間休息時，江西草珊瑚的董事長路過

註2 江西草珊瑚是一家以江西特有中藥材「草珊瑚」為原料，開發各種成藥的藥業公司。

江董事長的課桌前，突然說了一句誰也沒想到的話：「大姐，您也來聽課了？」同時身體向前傾，很是客氣。

看得出來，江西草珊瑚的董事長對她非常尊重。這一下就引起了我們的好奇，是誰能讓江西草珊瑚的董事長如此尊重，還稱大姐？結果一查嚇一跳，居然是大名鼎鼎的廣西金嗓子集團董事長江佩珍。

這讓我非常感慨，江董事長很平易近人，就像鄰家大姐在你身邊，完全沒有一絲一毫大企業家的腔調、明星的架子。而且她說話非常客氣，讓我充分感受到了什麼是真佛說俗語，她講的是普通人都愛聽、聽得懂的話，這讓我們肅然起敬。

很快，定位課程打動了江董事長。第二天上課的時候，江董事長就和她那桌的輔導老師說，想約我在課間休息時間聊一聊。

上課空檔，工作人員安排我和江董事長見個面。當我敲門走進去的那一瞬間，董事長深深地鞠了一躬，說：「顧老師，你好！」這個動作差點讓我沒站住，我真是承受不起，以江董事長的年齡、名望和社會地位，她完全可以坐在那裡、蹺著二郎腿等著我這個後輩過來。

我沒想到大名鼎鼎的江董事長，一位七十歲出頭的企業家，一位為當地貢獻上億稅收的企業掌門人、一位對社會做出如此大貢獻的人，居然會如此謙遜。那一瞬間我就喜歡上江董事長，她有個特別強大的能力，就是「見面三秒讓你喜歡她」。

因為對江董事長有非常好的印象，每次見到她，我都格外開心。

大家參觀完金嗓子的工廠之後，就到會議室等待江董事長的到來，很快地，她在我們的陣陣掌聲中走進了會議室，接著在主席臺上只講了三句話，就把整個會場的氣氛炒熱了。

她是這麼說的：「大家好，我是江佩珍。歡迎大家來到金嗓子。我愛你們哦！」你看，和江董事長見面三秒，大家就愛上她了。

江董事長說完以後，該我們的同學發言了。第一位站起來的同學挺激動，第一句話就說：「江媽媽，您好！」

剛剛還笑容燦爛的江董事長聽完這句話以後，瞬間就不知所措了。

這位同學可能還在激動的情緒當中，絲毫沒有意識到江董事長表情的變化，繼續飽含深情地說：「您的年齡跟我媽媽一樣，看見您，我感到特別親切。」他還把證據都拿出來。江董事長聽完以後，我的感受是她瞬間無語了。

我發現太多的人不理解什麼是溝通，**溝通是「講對方想聽的，不是講你想說的」，這才是溝通的本質。**

第一位發言的同學一上來就講他想說的，全然不管江董事長想不想聽。聽完這位同學的表白，我瞬間想到自己的遭遇，每年回家鄉過春節的時候，最不喜歡的就是別人叫我顧叔、顧伯，我也不喜歡在定位課堂上有同學叫我前輩。這些人都犯了溝通的大忌，就是講自己想說的，卻不管對方想不想聽。

「見面三秒讓對方喜歡你」，這是一種非常強大的人生逆襲能力，它的內涵比大多數人理解的豐富得多。相反地，有些人不僅沒有這個本事，倒是具備了另外一種能力，就是見面三秒把天聊死。第一位同學深情地説完後，江董事長一言不發，因為她實在不知道該怎麼接啊！

給讀者們一個良心建議，一定要記住四個字「女人不老」。因為每個女人心裡都住著一個小公主，不管她多少歲。**女人是不會老的，女人永遠年輕漂亮，這是我們要有的心態，尤其是男人必須擁有的心態。**

第一位同學深情自嗨後，第二位可能也是想叫「媽媽」的，但被人搶先了，結果這位哥站起來的第一句話就是：「江阿姨，您好！」剛剛受了「媽媽」的折磨，現在又繼續接受「阿姨」的打擊，江董事長臉上一點笑意都沒有了。

到了第三位，一時不知道怎麼跟董事長説話了，想來想去，最後選擇了一個最穩健的稱呼：「董事長，您好！」叫董事長當然沒毛病，江董事長對這個稱呼總算是給了回應：「這位同學，你好。」

剛進會議室的董事長臉色原本像夏天般的火熱，這會兒已經到冬天了。我似乎感覺到董事長用餘光瞥了我一眼，我已經一頭汗了。董事長似乎是問：「你確定是一群成年人來這裡嗎？」

還好，這時候第四位同學站起來了，江西上饒人，寶瓶堂（註3）董事長俞文清，他只用短短五個字就把整個氛圍從冬天拉回到夏天，整個會場瞬間回暖且變得熱鬧了。

俞文清站起來，在現場全部同學加上工作人員等近百人的面前，深情款款地對著董事長説了五個字：「小姐姐，你好！」

註3 寶瓶堂是中國大陸知名補品相關企業。

話音剛落，瞬間江董事長就開心了，她馬上給了熱烈的回應：「你好！你好！你好！」連說三個「你好」。全場熱烈掌聲，我長舒了一口氣，總算遇到一個會聊天的，救我們於危難時刻。

課堂結束要散場的時候，我跟江董事長打招呼，她見了我說的第一句話就是：「剛剛個子高的這位同學，你有他的微信嗎？推給我，我要跟他做生意。」

會聊天，就有巨大的魅力。會聊天，就有巨大的商機。

我經常講一句話：「**好好說話，人生開掛。**」

江董事長見面三秒就說我愛你，我每次上課講到這個例子的時候，就會問來聽課的同學們：「你愛我嗎？」結果我得到了形形色色的回答。

一位男同學說：「顧老師，我是男的！」

一位女同學說：「顧老師，我老公在，不方便！」

一位小同學說：「顧老師，我還是學生！」

你會發現，人們對於「愛」的理解是千差萬別的。江董事長是以博大、溫暖的心胸看待這個世界，所以她能很自然地就說出「我愛你」，我們的愛太小了。

當你學會聊天，你就會發現，每見到一個人，你就會多一條路，多一個朋友。倘若你不會聊天，三秒鐘之內把天聊死，那你每見到一個人，你就給自己多豎了一堵牆，甚至多了一個敵人。

02
溝通的最高境界是讓對方嗨

溝通的最高境界是什麼？**讓對方嗨，而不是自己嗨。**

大家仔細想一想，我們在很多場合，特別是在逢年過節的時候，親友團、兒時玩伴、姊妹淘見面時，一桌人聊天聊到最後，總有人把自己聊嗨了，卻把同桌的人聊沉默了。

可能是因為我們習慣於自我表揚、自我激勵吧，很少會站在對方的角度，把對方聊嗨。

想把對方聊嗨，你要學會先把身段「軟下來」。

因為每個人都有自己的性格、自己的脾氣。我甚至還碰到這樣的同學，他說：「有些人的生意我不做，我這個人的性格很直接，從來不喜歡違心地讚美和表揚。」

當我聽到這類話的時候，真是無語。

性格直接不是個性，是一種病，要治。因為沒有人喜歡被找碴，每個人都喜歡溫暖。世界在變軟，你也需要軟下來，當你軟下來，世界為你打開。

軟下來有三個要點，那就是不反駁、送禮物、讚美。

先說「不反駁」。反駁好像是一些人的天性，總有人特別喜歡一項「體育」運動，叫作抬槓（非理性爭辯，專找別人話裡的漏洞攻擊）。他們最擅長也最熱愛抬槓，不管對方說什麼，他們都會反駁。任何人都不喜歡被嗆，每個人都不喜歡被反駁，而是喜歡被尊重。

怎樣才能做到不反駁呢？這不是件容易的事情，人們經常會說「不是這樣的」、「我不同意」、「不對」等。想做到不反駁有兩點要求：

第一，不說「不」。你可以從現在開始練習，就是永遠都不說「不」，看看你能否做到。

第二，不說「但是」。大多數人會表揚人，也會讚美人，只是沒說幾句，馬上就用「但是」來轉折，比如：「我覺得你今天做的這件事情有一定的道理，但是我還是認為……」

當你在溝通的過程中習慣於使用「但是」的時候，你前面說的那些讚美之詞全都白說了。因為對方記不住你表揚他什麼，但肯定會記住你那個「但是……」。

如何有技巧地表達不同意別人的觀點呢？這是一個挑戰。

我們以運動為例：有人說生命在於運動，也有人說生命在於不動，還有人說生命在於一會兒動、一會兒不動。

假設你的觀點是生命在於運動，而我的觀點是生命在於不動，那當我問你生命在於不動，你同意嗎？你會怎麼回答？

在我十幾年的定位教學經驗中，問過無數的同學。有的同學是這麼回答的，他說：「我同意你的觀點。」我說：「這個回答不行，你明明不同意，你就不能說同意，因為你會誤導對方。」

這麼多年接觸中國大陸企業，我發現真有企業家做不到不反駁。在這裡分享「不反駁的三段模式」。用這個模式，相信你就能妥善地解決不反駁問題。

第一句話是：「我聽到了你的聲音。」不用說同意或不同意，只說我聽到了你的聲音，這是一個事實闡述，沒有態度。

第二句話是：「你的觀點聽起來很有趣」或「你的觀點聽起來很有意思」，又或者「你談論了一個很新鮮的話題」，諸如此類。

總之，就是告訴對方「你的觀點很特別」，這是一個中性表達。

第三句話是：「我嘗試著從另一個角度來分享觀點，供你參考。」

這句話想表達我們在交換意見，而不是一定要分出對錯。

如果能用這種三段模式與對方溝通，你就很容易得到對方的理解和認同。不反駁的目的是避免與對方形成對立，對立不是一個好的戰略，我們應該坐在一起而不是對立來共同討論一件事情。不反駁就是要有討論的心態，而不是對立的心態。

用這個三段模式在日常生活和工作中多加練習，我相信一定會對你有很大的幫助。

接下來說「送禮物」。禮物怎麼送呢？分享幾點小技巧。

第一個小技巧是微笑。最好的禮物是微笑，嘴角上揚，露齒八顆。這個禮物取之不盡，用之不竭，有如滔滔江水。

世界上所有的人都喜歡微笑，這是一個沒有成本但效果奇好的禮物。以後大家見到任何一個陌生人，去到任何一個場合，記住你要做的第一件事情就是打開你的心扉，嘴角上揚，給所有的人微笑。

千萬不要雙手抱胸，面露秋霜，如果這樣的話，你就是在暗示別人「不要理我」。只要能做到面露微笑，你就很有機會成為人見人愛的溝通者。

第二個小技巧是送伴手禮。伴手禮並不一定是特別貴重的東西，它可以是你公司的產品，也可以是你家鄉的特產。

無論第一次見面或者經常見面，伴手禮都是一個很不錯的社交工具。哪怕是去兄弟姐妹家、好朋友家，甚至去孩子家和父母家，都要帶一點伴手禮，禮多人不怪。但記住，送禮物一定要送對方喜歡的，千萬不要送你想送的。

第三個小技巧是一定不要送大品類中的小品項，要送小品類中的大品項。

比如你要送朋友一個禮物，有1000元的預算，那你就不應該買手機，朋友拿到手機一定不會很開心，但你錢已經花了，一分沒少。

那應該怎麼送呢？有一次，一個同學跟我聊天，說他朋友買了房子，邀請他去參加派對。他準備送1000元的禮物，但實在不知道要送什麼好，不確定送他什麼才會喜歡。

我就問他，你這個朋友平時愛好什麼呀？他說朋友非常喜歡喝紅酒，我說這就好辦了。如果你有1000元人民幣的預算，買一瓶紅酒可不可以呢？當然可以，但這不是最佳的選擇。

第一， 1000元的紅酒好不好？的確不錯，但顯而易見，它不是「讓人印象深刻的好」。

第二，紅酒很容易喝完，一個人喝掉一瓶、半瓶是經常有的事，當酒喝完就忘了。而且重點是這瓶1000元紅酒的「力道」還不夠，印象不會特別深刻。

那應該送什麼呢？我跟他說，你反而不該送紅酒，送個紅酒杯吧。1000元買一個紅酒杯，我相信你的朋友一定會印象深刻。

最後他送了一個捷克的紅酒杯給朋友。他朋友收到禮物後非常高興，整個晚上都在說那是他最喜歡的禮物。

你會發現，紅酒天天喝，可是這個杯子永留存。不管他喝什麼紅酒，他都永遠倒在你送的這個杯子裡，這會讓他留下深刻的印象。

最後說說「讚美」，這要花點時間，我們分三節來講「讚美三拍」。

03 讚美三拍之一：明拍

讚美是一件非常不容易的事。很多人說讚美很簡單嘛！不是的，讚美其實非常不簡單，必須透過學習。在讚美的世界裡，我經常說讚美三拍，**就是明拍、暗拍和神拍。**

先說明拍。明拍說起來很容易，可是真正做得好的人並不多。

我在十幾年的定位教學經驗中問過很多人，讓他們當面讚美我一下，想看看大家讚美的水準怎麼樣。結果讓我跌破眼鏡，真正能讓我感到高興的，十個人裡連兩個都沒有，而且我還發現更大的問題，就是有不少比例的企業家不會讚美別人，或者說不習慣讚美。

有些企業家是這麼跟我說的：「顧老師，我這個人性格很直，我喜歡你，我就會讚美你，我不喜歡你，我就不會讚美你。」

不會讚美是因為性格直，很多人說「這是我的特點」，我想再說一次，性格直真的不是你的特點，而是你的毛病，因為很容易會傷到別人卻不自知。

我有個朋友，他的母親直腸癌末期，醫生說只有三個月左右的生命了，我這個朋友非常難過。

他就跟我說：「我母親得了直腸癌，末期。」

我說：「哦，不就是息肉嘛。」

他說：「不是的，是直腸癌末期。」

我說：「哦，息肉有點大。」

他說：「你今天怎麼回事？沒聽清楚啊？是直腸癌末期。」

我說：「你是不是傻了？我都說兩遍了，它就是息肉。」

這時我這個朋友反應過來了：「哦，息肉，對呀，不就是息肉嘛！」

醫生建議做個小手術拿掉腫瘤，可以延長生命。我這個朋友在我三次回答後，觀念轉變過來了，於是輕鬆地跟他母親說：「媽，你有個息肉，有點大，醫生說打點麻醉藥，把它拿掉就好了。」

他自己心裡這一關過去了，他母親很快地就同意做手術。完成這個手術後，目前為止已經六年了，加上術後的中醫康復管理，現在他母親的身體還不錯。

這就是我常說的，**你不能有話就直說，人生不是只有黑和白，大多數其實是灰色地帶，這就是華為創始人任正非先生講的「灰度」。**

從2008年開始，定位培訓已經十幾年了，在這期間我認識也接觸過太多的中國大陸企業家。開班到現在已經有一百六十期了，除了過新年，每個月都在開課，碰過太多各式各樣「有特點」的人。

對於那些腦袋真是轉不過來的人，怎麼辦？

我來幫你吧，幫你建立起這樣的理念。首先，在思想上認同，轉個彎，學會讚美，哪怕是不喜歡也試著讚美。先問你幾個問題，你可以實話實説，如果能真實地回答這些問題，我相信能幫到你，最後你的想法定會不一樣。

第一個問題：「你是做生意的，是不是想把產品和服務賣向全世界？」

企業家回答：「當然想！」

第二個問題：「如果你的產品賣向了全世界，你會不會遇到天下人？」

企業家回答：「那當然會了！」

第三個問題：「如果你遇到了天下人，有沒有可能就有你不喜歡的類型？」

企業家回答：「非常有可能！」

第四個問題：「對於那些你不喜歡的人，他們想買你的貨，你賣嗎？」

企業家回答：「當然要賣！」

我説：「只要你不是視金錢如糞土，只要你不挑人做生意，那就好辦了。」

第五個問題：「你不喜歡對面的人沒關係，但他買了你的產品，你應該叫他什麼？」

這時候，企業家的回答形形色色，有人說「上帝」，我說上帝離得有點遠；有人說「客戶」，我說「客戶」聽著挺生疏的；有人說「親」，我說「親」好像就是打個招呼；有人說「親愛的」，我說這個好像與「親」沒區別；有人說「寶貝」，我說這個稱呼給人的感覺有點別的意味。

你覺得應該叫他什麼呀？

我的建議是，要把所有跟我們做生意的人當作自己的「衣食父母」，要有這個心態。「衣食父母」這個稱呼，你能接受嗎？

第六個問題：「現在你的衣食父母要你讚美他，要你表揚他，你說得出口嗎？」

這時候，我發現有很多企業家開始要嘛誠實，要嘛感悟，要嘛點頭說：「嗯，有點感覺了。對，我應該能夠說得出口。」

如果他還沒買你的貨，那你是不是可以在情感上把他當作潛在顧客，用這樣的心態應對，是不是就好很多？

大多數的企業家學員到這一關都能通過，但也有極少數人還是過不了。有個同學跟我說：「顧老師，怎麼說呢？你說的是對的，可是話到嘴邊，我還是說不出口，就是誇不了。」

我說：「這樣，剩最後一公尺了，我幫你把它打通。如果你喜歡一個人，他買了你的貨，你表揚他，這叫真實人生；如果你不喜歡一個人，他買了你的貨，你不得不表揚他，這叫什麼人生？」

這些年，我問了很多同學，答案真的是五花八門。有人說屈辱人生，有人說悲催人生，有人叫可憐人生，有人說現實人生，有人說殘酷人生，有人說社會人生，有人說這就是人生。

我聽完真是哭笑不得，我說：「有這麼淒慘悲戚嗎？喜歡他叫真實人生，不喜歡他也要表揚他，這叫藝術人生。」

大家想想，我們這一生到底是真實人生多還是藝術人生多？大部分企業家都會說藝術人生多。

舉個例子，今天早上我太太試了一件新衣服，她問我：「老公，我是不是胖了？」如果是你，你會怎麼回答？

你會說：「老婆，妳真的胖了」，還是會說：「老婆，沒有，妳沒胖，是衣服瘦了」？

很多企業家說：「不能說自己老婆胖了。」你看，這就叫藝術人生。

如果你老婆問你：「老公，這件衣服好看嗎？」你怎麼回答？

記住，當女人問你衣服好不好看的時候，她不是在問你的意見，她需要的是讚美！這時候你會怎麼做？

直接表揚、讚美就對了。這就是藝術人生！

講到這裡，大部分人都能豁然開朗了。這就叫聊天，你要先打通底層邏輯。底層邏輯不通的話，連讚美三拍的「明拍」你都過不去，更不用說「暗拍」、「神拍」了。

明拍，得注意幾個要點：

第一，不要流於形式、高大上，因為一看就很假。有的同學說「顧老師，你的才華如日月光輝」，我一聽就覺得這不是在拍我，這是來搞笑的。

第二，不要把明顯的缺點拍成優點。有的同學說：「顧老師，你真的很高大。」我連一百七十公分都沒有，怎麼可能很高大呢？然後他馬上補一句：「你在我心目中很高大。」還有的同學說：「顧老師，你長得很帥。」我活幾十年了，從小到大沒人說過我帥，我從來沒有享受過顏值的福利啊。因為沒有顏值，家裡又沒有礦，所以一直靠著努力、靠著才華吃飯。我經常講的一句話就是：如果不是生活所迫，哪個人願意把自己逼得一身才華！

第三，要說得具體，會更容易被對方接受。比如讚美對方「今天你的髮型非常好看」，或者「你衣服上的小碎花非常好看，你今天配的眼鏡很好看」，諸如此類。

第四，要讓讚美有價值，變得更高級。我聽過一位同學這麼讚美我，他說：「顧老師，自從學了你的定位課，我回去後反覆實踐，發現我的生活和工作都發生了很大的改變。以前和太太常吵架，自從學會了溝通，我理解到溝通是講她想聽的，不是講我想說的，我理解溝通的最高境界是讓對方聊嗨，我們夫妻的感情好了很多，有一種重新談戀愛的感覺。謝謝你。」

這種明拍就會讓聽者容易接受，也覺得自己非常有價值，這是一個很好的明拍技巧。

04
讚美三拍之二：暗拍

顧名思義，暗拍就是你拍的時候，對方不知道你在拍他，對方只覺得跟你聊天很高興。回到家裡，睡覺前突然想起：「我今天怎麼這麼高興啊，我是遇到了誰呀？」他才突然意識到自己被你拍了。

我先說兩種場景，告訴大家暗拍要怎麼拍。

第一種場景，當我們遇到優秀人士，比如大企業家、成功人士，或者年輕人遇到前輩、長輩時，有個非常簡單的小技巧，一句話就能講清楚，那就是「好漢要提當年勇」。這個暗拍能幫你搞定大牌，後輩搞定前輩。

為什麼要提當年勇呢？一個很重要的原因就是人都有分享欲。

任何成功人士都走過一段不容易的路，沒有誰可以隨隨便便就成功，不經歷風雨，怎麼見彩虹？這段艱難歲月在他的記憶裡刻骨銘心，不會輕易散去，很多時候他需要傾聽者，他也願意分享。

所以，最好的暗拍就是，好漢要提當年勇。

你可以這麼說：「陳總，我真是無法想像您當年只用2萬4千元，在一個普通小房間裡怎麼起步的。現在我手上有十幾萬，而且還有很多人幫我，但我走得跌跌撞撞的。我想請陳總分享一下，這一路您是怎麼走過來的？這其中發生了什麼？很希望您跟我們分享，讓我們更好、更快地成長。」

只要你引出這個話題，大多數企業家、成功人士就開啟了回憶：「想當年哪……」記住，一旦開啟回憶，剩下的事就簡單了，只需配合一下就好。這裡分享幾個配合的小技巧：

第一，要記錄。如果對方是年輕一點的，你用電腦記也無所謂，但如果對方是50歲以上，最好不用電腦，改成拿筆和紙，他會覺得你認真傾聽和記錄。

第二，記錄時，眼睛最好看著對方。千萬不要他在跟你分享的時候，你在看別的地方。

第三，語言也要配合一下。當他講到精彩的地方，不妨說：「哇，這樣也可以呀！」、「哇，這多難呀，這怎麼也行呢！」、「啊，沒想到原來還可以這麼做！」，諸如此類。

這些語言代表你非常認真地聽，你聽得越認真，他講得越嗨，講得越精彩。這樣你就達到了聊天的最高境界──讓對方嗨。

第四，用坐姿表達你正在認真聽。身體往前傾，椅子只坐一半，聽得興高采烈、全神貫注的樣子。

能做到這幾點，就是非常了不起的暗拍。大家記住，並不是拍一次就結束了，你得持續拍。用一個星期、十天，或者半個月、一個月，你要再繼續跟他互動：「陳總，上次聽您分享後，我實踐了您教我的幾個招數，使用後的收穫非常大，工作有了明顯進步。」

你的這種進步會讓分享者獲得更大的榮譽感和成就感。這是很不錯的小技巧，能夠愉悅他人、暗拍他人。

第二種場景下的暗拍就更厲害了，是「於無聲處聽驚雷」。

這類暗拍特別適合有沿街店面的企業，比如餐飲業、飯店、美容美髮業等。以餐飲業為例，假設你餐廳的價格帶落在中高價位，甚至是高價位。這時來了一位張先生，是你們的VIP 客戶。你知道要怎麼暗拍嗎？這裡分享一個很好的暗拍方法。

第一，把張先生的照片給店裡所有人看，尤其要給保全人員、櫃檯同事，甚至是店裡的所有人都認識他。

第二，如果店裡有耳麥就更好，每個人都戴個耳機，有一個傳話筒，這樣效果更好。

當VIP客戶張先生到你餐廳用餐時，他的車在餐廳門口剛停下來，保全人員就衝上去跟他打招呼，說一句「張總好」就行。

這時候，張總就開始想：「咦，這不錯，保全人員認識我。」他內心會瞬間被觸動到。

當張總下車往飯店大門走的時候，迎賓或櫃檯同事看到他來了，主動迎上去說：「張總好。」別的都不用說，打個招呼就行。張總就開始想：「咦，我在這裡這麼有名嗎？大家都知道我？」

這時候迎賓人員帶著他進房間，點菜的服務生也同樣說這句話：「張總好。」這時候，張總的心情就會大好。

為什麼呢？很簡單的道理，當他得到了這麼多人的問候，這麼多人都能叫得出「張總」的時候，他就會想：「我在這裡是不是非常知名啊？」

高潮還沒來，當上菜人員、打掃阿姨都跟他說「張總好」時，他就進入了第一個高潮。非高階職位的人也都認識他，很自然地說出「張總好」，這種暗拍的級別就越高。

我自己就碰過這樣的事，連搬凳子的阿姨都知道我，說：「顧老師好。」瞬間感覺好極了，連阿姨都認識我，這是第一個高潮。

接下來的高潮是，當張總到走廊上講電話時，遇到餐廳裡的廚師也跟他打招呼說「張總好」時，張總的心防瞬間就被突破了，心想「怎麼連廚師也認識我呀，天啊！」

要知道廚師可是從來見不到顧客的，這是最佳的暗拍。

被多次打招呼、數次暗拍後，顧客肯定會心情好，就會喜歡你的餐廳。只要顧客喜歡你，他就會覺得你的店哪裡都好。

無論你是做餐飲業或做美容美髮業，是賣吃的還是用的，是賣車或賣房，這都是很不錯的暗拍。

05
讚美三拍之三：神拍

神拍的技巧就比較高了，高到什麼程度？就是你要拍的那個人，你們之間可能連對話都沒有，甚至你連提都不用提他。

講一個我經歷的神拍故事。

我是渣打中國招募的第一位中國大陸籍行長，多年前進入渣打中國的時候，我的英文讀寫能力還過得去，但聽說能力非常普通。

我沒有在海外留過學，也沒去過別的外資公司，渣打是我進的第一個外國企業。渣打是全英文工作環境，報告、開會、辦公都是用英文。中高層會議或是跟我老闆開會，或者跟我老闆以上的人開會，也常常需要用英文。但我的英文聽說能力不行，每次開會就非常困難。

但我的業績很好。我的老闆為了提高我的英文聽說能力，專門為我請了一個加拿大人、一個美國人，兩個英語母語的人先後來做我的口語家教，他們天天跟著我，我隨時都可以問他們，全天陪伴。半年下來，我的英文水準突飛猛進，有很大的進步。

有一次在新加坡舉辦渣打銀行全球會議，有六百多人參加，渣打中國也有高階主管參加，我的老闆參加了，我老闆的老闆也來了，大老闆是渣打銀行總部的副行長，主要管理我們這條業務線。

在會議快結束的時候，進入了問答環節。這時候主持人說：「現在可以提問」，我猛地站起來，第一個舉起手，當著六百多位渣打銀行高階主管和同事，包括我的老闆以及老闆的老闆的面，我用英文提了一個問題，而且這個問題長達一分鐘。

當我把這個問題提完的時候，我知道我的老闆被我神拍了。

會議結束後，我的老闆馬上找我，要介紹我認識總部的大老闆。他對大老闆說：「這就是渣打中國的Peter顧，是一位非常優秀的年輕人。Peter剛進渣打中國的時候，不能用英文開口說話的，可是你看才短短半年，他就可以在全球會議上用英文流利地提問了。」總部的大老闆也是熱情洋溢地跟我打招呼！

實際上，關於那個提問，我在家裡足足準備了一個星期，我無數次地演練應該怎麼提這個問題，我把所有跟問題相關的話術溫習無數遍，就是為了確保流利、確保不會臨場結巴。

我為什麼要在這個全球會議上提問呢？一是想鍛鍊自己，二是想透過這種方式表達我對老闆的感謝，感謝老闆給我機會，為我請了兩個外國人做我的英文家教。我想告訴老闆，我很珍惜這個機會，我肯刻苦學習，而且非常認真。

在那半年裡，我每天下班回家至少要學兩個小時英文，這也是我的口語能突飛猛進的重要原因。

老闆為我花錢請老師，我必須在老闆那裡做一次「畢業考試」。我想過無數次，如何給老闆一個最完美交代，而這場全球會議就是最好的機會。

我要當著六百多位全球同事和我老闆的面，把這次會議當作畢業典禮，所以我精心準備了提問內容，以及在整個會議期間參與討論。

那次會議結束後，我老闆對我刮目相看，這件事他記了好幾年。後來兩三年的工作時間裡，我的老闆經常提起那場六百多人的國際會議，說我那次的提問很精采。

定位溝通最厲害的就是打通心智，定位知道如何跟對方溝通，而且見面三秒讓對方先喜歡你。

關於讚美三拍，就跟大家分享到這裡，也希望各位讀者把你們所知道的讚美技巧分享給我。我很願意跟大家互動，讓我們共同打開心扉，用愛天下人的心態和天下人打交道。

在你知道讚美三拍，知道溝通就是講對方想聽的而不是講你想說的，知道溝通的最高境界是讓對方嗨之後，你就已經具備了良好的溝通能力，你的事業會越來越蒸蒸日上，日子也會越過越美好。

如果你懂得讚美，能搞定50%的人；

如果你懂得送禮物的技巧，能搞定70%的人；

如果你既會讚美又會送禮物，能搞定90%的人；

如果你會恰如其分地說好話，還會送對方想要的禮物，就能搞定99%的人。

這就是定位溝通的魅力。

06 溝通就是聊個天

如果99%的人都和你成為朋友，為你鋪路，你會不成功嗎？接下來講個小故事，它很好地詮釋了我們如何看待溝通、如何看待聊天、如何看待讚美。

有一天，我和我弟弟走在社區裡，有個女生迎面而來，她看到我以後馬上說：「咦，這不是顧老師嗎？顧老師，你在這裡買房了？」我說：「沒有，沒有，租了一個小房子。」結果她下一句話就說：「怪不得嘛，這裡的房子很貴的。」我說：「是是是，這裡的房子很貴。」隨後我們就擦肩而過。

顯而易見，這個女生認為我買不起這裡的房子。雙方分開以後，我弟弟不高興了，他馬上就跟我說：「哥，這不是你買的房子嗎？」我說：「是啊！」他說：「你的房子很小嗎？你不是買了兩間嗎？」我說：「是啊！」他說：「那你為什麼說你是租的，還說很小？」我的回答是四個字：「聊個天嘛！」

記住，只要不傷害到你的錢包，不切你的蛋糕，所有的溝通都可以用四個字來概括：聊個天嘛！

當你能夠接受並且走進「聊個天」的思想境界，你就打開了定位的心智之門。

其實，定位就是聊個天。定位走進企業，就是幫助企業品牌與顧客聊天，讓顧客買我而不買對手的產品；定位走進家庭，就是幫助我們好好跟自己的老公老婆說話，跟兒女以及父母聊天；定位走進職場，就是幫助職場人士和自己的老闆好好聊天，和自己的同事好好聊天，讓老闆給自己更多的提拔機會。

定位就是聊個天，聊天的目的就是實現自我價值。當你學會了聊天，當你理解了聊天的境界以後，你就打開了定位的大門，從此生活甜甜蜜蜜，事業順順利利。

好好說話，人生開掛。嘴是你一生的風水，你說話溫暖的程度決定你人生的高度。

笑臉是你永遠的名片，當你用燦爛笑臉面對世界時，這個世界就會回饋給你最大的愛。

好好聊天，走進定位的世界，一生開掛！

第三篇

03

定位聊企業

產品是道理，品牌是故事

第6章

想做老大，需走對這四步

成功就是一場
有預謀的精心策劃

01
第一步，找到對手：看誰擋著你發財

本章標題直白地告訴大家：在這個各行各業都競爭激烈的年代，想成為細分品類的老大，其實只需走對四步。

第一步，先找出擋著你發財的對手。只要找到「他」，解決了他給你造成的麻煩，就解決了賺錢的問題。如果對手的問題不解決，你永遠會感覺身處於惡性競爭中，不得不加入價格戰。

找出競爭對手的過程，就是定位理論說的「競爭環境分析」。以我多年的經驗，競爭對手有兩種較常見的情況：一是對手很多；二是有一兩個特別強大的競爭對手，具有撼動不了的地位。以下對這兩種情況具體分析：

＋ 第一種情況：擋著你發財的對手太多了

浙江省嘉興市嘉善縣有一口雲瀾灣溫泉，地理位置非常優越，從雲瀾灣溫泉開車到上海徐家匯只要一個小時，到杭州也很方便。

雲瀾灣溫泉總投資30億，他們的泉水源自地下2160公尺。一般說到溫泉，都會聯想是位於山林裡，雲瀾灣卻是杭嘉湖平原地區的第一口真溫泉。

雲瀾灣董事長是位漂亮又知性的女性，非常喜歡泡溫泉，她不惜代價砸重金打造理想中的溫泉。園林景觀有許多珍稀樹木、江南風格的小橋流水，溫泉造型還由杜拜七星級帆船酒店的設計師設計，極其美輪美奐。

為了未來能有更好的發展，2016年11月雲瀾灣董事長走進了我的定位課堂。在這裡，董事長聽到了一個與認知完全相反的概念——「賣得好所以產品好」，因為大多數企業家的思維總是「產品好就應該賣得好」，特別是在產品上投入巨額資金的企業更是如此。

可是消費者的思維不是這樣的，他們的想法正好反過來，因為產品賣得好，所以你才是真的好。這時就需要轉變商業思維。

我們還在課堂上做了簡單的現場調查，發現對於中國大陸的消費來說，特別是男性顧客，溫泉區是可去可不去的地方。如何才能創造更大的客流量，打敗眾多旅遊景點，讓更多人來此遊玩呢？

雲瀾灣一定要給消費者非常清楚的理由，一是消費者為什麼要選擇泡溫泉，二是為什麼一定要泡雲瀾灣溫泉？

中國大陸大概有三千個溫泉區，僅在雲瀾灣所處的江浙滬地區，溫泉就有百口。不僅同業競爭對手非常多，甚至還有假冒溫泉的不肖業者。而且，溫泉業同樣有大品牌，比方江蘇湯山溫泉、浙江的武義溫泉都很知名。

這時，怎麼破局？看似競爭撲面而來，定位卻可以一招制勝，輕鬆破敵，就是擷取全行業共同特性，然後正面迎擊，雲瀾灣就是這麼做的，對於任何行業來說，也都是一個絕佳戰略。

實際上怎麼執行？我們走訪了國內、國外市場。先說國內市場。

我們在國內拜訪了將近四十口具有代表性的溫泉區。然後發現國內溫泉大概有三種類型，這就是我們講的「擷取行業共同特性」。

第一種是景點型溫泉，這種溫泉依景而建。

景點型溫泉一般位於山中、林中，有很漂亮的自然風景，人們到這裡泡溫泉，是衝著美景而來，比如御水溫泉、南山竹海，還有天明山的森林溫泉、天目湖的涵田溫泉等。

第二種是主題型溫泉，這種溫泉突顯某個人文主題。

比如常州的恐龍谷溫泉是史前風格，浙江武義的唐風溫泉是唐代風格，廣東珠海的御溫泉是日式風格。

第三種是同質型溫泉，這種溫泉沒什麼特點，靠著低價生存。

大部分溫泉都屬於同質化嚴重的溫泉，狂打價格戰。我是蘇州人，有一次在家鄉泡溫泉，那個溫泉區在辦活動，一張門票是98元人民幣，還送客人一隻小土雞或兩隻大閘蟹，這就是典型的價格戰。

不僅如此，我們還去了海外市場調查。包括法國的溫泉、冰島的溫泉、土耳其的溫泉，並將研究焦點放在調查日本溫泉上。

日本是一個溫泉大國，從北到南，有三千多個溫泉區，七萬多家溫泉旅館，每年有上億人泡溫泉，接近日本人口的總和。

在日本，我們發現了幾個很有意思的溫泉區。比方川中溫泉，泉水是從河川中湧出，水質為硫磺泉，據說泡過這裡溫泉的當地女性，皮膚特別白嫩美麗，因此得名美人溫泉。

龍神溫泉的水質無色透明，堪稱日本第一的碳酸氫鈉泉，其實就是小蘇打泉。泉水不僅有美白肌膚的效果，還能促進肝臟代謝，由內而外地打造你的美。這個故事講得挺好，日本人是擅長講故事的。

還有湯之川溫泉，這是位於山谷中的湧泉，流傳著遠古時期神祕而動人的愛情故事。傳說古代有一位公主在這裡泡溫泉，疲勞頓時消失，而且變得更加美麗，這是個具有浪漫色彩的溫泉。

研究國內外的知名溫泉後，我們總結出溫泉區的三個共同點：

第一，溫泉市場的消費者大多是女性。

在湯山溫泉做市場調查時，遇見二十多位中青年男性來泡溫泉，我問他們：「怎麼會到湯山來泡溫泉，你們來自哪裡啊？」他們說：「來自浙江紹興，是單位工會主席帶我們來的。」又說他們工會主席是位大姐。

其實男性對於泡溫泉沒什麼概念，大多時候是因為女性的提議，像是太太、女朋友的緣故才會前往溫泉區。

第二，對於溫泉，女性有一定程度的認知。

泡溫泉對身體的好處是什麼、對皮膚的好處是什麼？女性的認知明顯比男性強。我在湯山溫泉做市調時，就碰到一位女性，問她怎麼會來，她說：「溫泉對身體非常好，我一年要泡兩三次。」還分享了泡溫泉對身體的眾多好處。

第三，溫泉特性有利於女性。

溫泉性溫，而女性偏寒，這就特別有利於女性，所以女性可以多泡溫泉。尤其對於某些宮寒的女性而言，泡溫泉就更適合了。

這三個結論讓我們發現——溫泉的世界多由女性決策和主導，溫泉的特性也有利於女性，但在中國大陸市場，居然沒有一個溫泉區主打女性顧客。

如此，定位戰略已經呼之欲出，我們將雲瀾灣打造成中國大陸第一個專屬女性的溫泉區，雲瀾灣的定位就是：「雲瀾灣，更適合女人的女人溫泉」。

這個定位出來以後，我們跟企業溝通，但有高階主管提出質疑，只服務女性，那麼男性、小孩都不是我們的客人了？使用這個戰略是否很危險？

我只輕輕地回了一句：「所以，我們才有機會贏。」

2017年重新定位後的雲瀾灣溫泉，迎來了爆發式的成長。

2016年雲瀾灣的客流量有三十萬人次，重新定位後，2017年一下子成長到八十萬人次。2018年持續成長到一百五十萬人次。2019年，全年客流量更是達到了兩百萬人次。2019年，溫泉業的生意普遍是下滑的，雲瀾灣卻逆勢上揚。

定位就是與眾不同，就是要跟競爭對手反著做。如果你跟對手一樣的話，很難走出自己的路，還會深陷價格戰裡。

還有一個很重要的法則，就是「二八定律」，財富總是掌握在少數人手裡。如果有一天你發現你的觀點、戰略和大多數人一樣，你一定要意識到你就是大多數人，那麼，你就會失去做老大的機會。

顯而易見，在市場競爭中，贏家是少數人。

在雲瀾灣女人溫泉的戰略梳理過程中，發生很多有趣的事情，簡單分享一下。

先說命名。我們給雲瀾灣溫泉取了一個名字叫「肚兜」，而且還去註冊。我相信「肚兜女人溫泉」這名字只要說一遍，你可能終生難忘。

前面章節談過，一個好名字要反映品類屬性。女人溫泉，它的屬性是什麼呢？「肚兜」這個名字就很直接地勾勒出女人溫泉的特性，讓人印象深刻。

肚兜女人溫泉，品牌加品類，一下子就留在消費者心智中了。

想像一下，如果再收集幾十款「肚兜」，把它們裱起來掛在雲瀾灣溫泉的大廳裡，走進來就能看到幾十款按照時間順序陳列的肚兜。你會有興趣嗎？你會拍照嗎？會發到社群上嗎？這是很好的傳播話題。

做品牌最大的訣竅，就是要一手硬一手軟，兩手抓。

產品要硬，把產品或服務做到好，雲瀾灣女人溫泉是做服務的，就要把服務做硬、做到位。

軟就是傳播，傳播要輕鬆好記，不要太正式。因為太重、太正式的東西很難傳播出去。我們從來看不到有重量的黃金、白銀在飛，我們能看到的都是花粉在飛、八卦在飛。品牌傳播也是一樣。

「肚兜女人溫泉」最終沒有被使用，有一點遺憾。希望有一天能重啟，我相信它會成功的。

雲瀾灣董事長把女人溫泉戰略分享給她的姊妹淘、親友後，遭到了大多數人的反對；專案提案那天，二十多位高階主管有三分之二表示懷疑。雲瀾灣董事長面臨巨大的壓力，但最後還是決定走女人溫泉這條路，結果獲得了巨大的成功。

我想再強調一次，當你的想法得到大多數人贊同的時候，一定要意識到你就是大多數人。很多偉大的戰略，最初都是不被人看好的，只有少數人堅持。一個偉大的戰略，常常出人意料。這就是定位理論經常談的：**戰略都是逆人性的，管理才是順人心的。你的戰略必須與眾不同，這樣才能打贏你的競爭對手。**

從這點來看，我很欽佩雲瀾灣董事長，她具有強大的決策力，是一位非常了不起的企業家，敢於逆風選了很好的戰略。

＋ 第二種情況：市場上有一兩個強大的競爭對手 ＋

以中國大陸的白酒為例。茅台就是「神」一般的存在，茅台是白酒世界裡的天花板，面對這麼強大的競爭對手，怎麼擬定戰略呢？

定位告訴我們，兩招化敵：一是連結這個強大對手；二是重新定位這個競爭對手。

青花郎，來自四川古藺縣，它的定位戰略是「中國兩大醬香酒之一」，然後透過廣告傳播出去。消費者看到這個廣告，第一反應就是：「喔！茅台第一，青花郎第二啊！」

青花郎的戰略，很巧妙地把自己連結到大品牌茅台上，讓大家覺得它好像是老二。透過巨額的廣告投放，青花郎這一波戰略打得不錯，成長非常快，後來又把自己定位成「莊園醬香」。你可能會問，「兩大醬香」這個定位有戰略漏洞嗎？屈特說過，所有的戰略定位都可能存在漏洞，關鍵是你的競爭對手能不能找到它。如果找到這個漏洞，那麼就可以破解你的戰略定位；如果找不到，那你就可能贏。

02
學會商戰：打贏對手的定位九招

如果第一步已經找到了擋著你發財的競爭對手，要如何表達才能更有效，進而做出市場區隔，打敗擋著我們發財的人呢？

＋ 這五招不管用 ＋

我先說五個無效的表達，分別是更低價格、產品品質、優質服務、產品齊全和廣告創意。

第一，更低價格。我在渣打中國上班的期間，有次買了星巴克咖啡，我的同事看到了，就跟我說：「Peter，我們趕快上去，不然要遲到了。」但當我買了麥當勞咖啡或超商咖啡的時候，我的同事卻說：「Peter，趕快喝完，打翻就不好了。」為何有這樣的差別？我後來觀察，發現在渣打中國同事的辦公桌上，除了星巴克的咖啡，還有可口可樂和百事可樂，但明明這兩個牌子的可樂比麥當勞、超商咖啡更便宜，為何就能被帶上樓？

原因是，價格可以便宜，但必須是大品牌，不能是普通商品。

其實，消費者買便宜貨的時候，他知道自己買了什麼。同樣，消費者買昂貴商品時，他也明白自己是買了個品牌。

有人說消費者喜歡便宜，所以我們要把價格做得低一點，這個理念是不對的，**消費者不是喜歡便宜，而是喜歡「佔便宜」**。

那高價可以成為差異化嗎？答案是可以。高價是很好的差異化，比如華為推出的「非凡大師」（華為的高階系列手機，價格11999元人民幣起），比亞迪推出的仰望U8（仰望U8是新能源越野車，價格破百萬人民幣）。高價是心智高度認同的差異化。

第二，產品品質。產品品質很難成為差異化。大多數人喝不出產品的品質，我們唯一喝得出的是產品的「價格」。

今天的商業競爭，是一場認知之戰，不是產品之戰。大家一定要記住：認知大於事實。

比如，在中國人的心智中，太陽是紅的。但你仔細觀察一下，從朝陽到夕陽，並不像我們想像的那樣紅。中國的古詞講殘陽如血，可是你看看夕陽，它是橙紅的。在我們大部分人的心裡，印象中太陽就是紅的。

所以，在定位的世界，我們經常講的一句話就是「事實不重要，認知很重要」，你要營造的是消費者對你品牌的認知，而不是講產品、說品質。

最好的戰略就是把認知當事實。

第三，優質服務。主要的原因是服務有兩大軟肋，一是容易被複製，二是會抬高成本。想要提供全方位服務滿足顧客，意味著你需要強大的服務團隊，也因此抬高服務成本，除非你可以把服務成本算在價格裡，把它賣出去。

海底撈以服務好而見長。注意一下，海底撈的火鍋並不便宜，也就是說，你在海底撈排隊時吃的水果、喝的飲料，它們都已經被算進人均客單價裡了。

所以，如果你可以把服務成本算進價格中，那麼服務可以成為一個差異化。即便如此，我也不建議。還是那句話，服務很容易被複製，服務會抬高成本，這是服務的致命傷。

第四，產品齊全。這一招也很難管用。

2005年，趕集網成立，它的戰略是「趕集網，啥都有」。2015年趕集網跟58同城（中國大陸最大的生活資訊網站，以在地服務為主，包含租房、招聘、交友、水電、二手交易等）合併。合併後的趕集網獨立出一個二手車事業部，並且給它取個名字叫「瓜子」，瓜子二手車如今成了「獨角獸」。

你會發現一個很有趣的現象，就是趕集網沒有大紅特紅，但是脫胎於它的瓜子二手車卻成了線上二手車的翹楚。這就是定位說的「局部大於整體」。

核心是什麼？核心是做多不一定贏，做少常常行。

少即是多，多即是少，這是定位經常講的一個理念。因為通才型產品很容易被專家攻擊，同時容易被複製。

第五，廣告創意。廣告創意是饑餓經濟時代留下的產物，廣告創意很難成為差異化，消費者根本記不住。

中國大陸第一款果乳飲料是小洋人妙戀，於2012年推出，它的廣告詞是：「妙戀，初戀般的味道。」這種創意性的廣告詞對消費者來說不容易記住。很快地，果乳飲料被娃哈哈看中，並且迅速推出了營養快線，一度成為娃哈哈集團賣得最好的單品，擁有近200億人民幣的年銷售額。

那麼營養快線又是怎麼說的呢？它說：「營養快線，十五種營養素一步到位，早餐喝一瓶，精神一上午。」娃哈哈的營養快線構建了一個「場景」，就是早餐，並且告訴你十五種營養素一步到位。

顯而易見，營養快線比小洋人妙戀更能精準地打進消費者的心智，所以它獲得了巨大的成功。這不禁讓人唏噓，明明是先驅，但小洋人妙戀沒有賺得最大利益，營養快線卻拿到了最大的蛋糕。

＋ 這九招可制敵 ＋

如何一招制敵，戰勝擋著我們發財的競爭對手呢？定位理論有很好的總結，我們稱為「九大差異化方法」，也就是說，不是只有一個方法，而有九個方法可以完成與競爭對手的差異化，我分成三大類：

與地位有關的：成為第一、領導地位、市場專長。

與感知有關的：傳承經典、熱銷流行、最受青睞。

與產品有關的：擁有特性、製作工藝、新一代。

1 與地位有關的三個方法

第一，成為第一。第一個以新概念、新產品或者新利益進入心智，會有巨大的優勢。

為什麼第一總是能保持領先呢？因為人們相信第一是原創、最正宗，其他的都是冒牌貨，而且原創意味著有更多的知識、更高的專業化程度。

比如，可樂的發明者可口可樂、第一個搜尋引擎Google、第一個中文搜尋引擎百度、第一個線上支付平台支付寶。

在定位的世界裡，我們經常講的一句話就是：「**成為第一，勝過做得更好。**」

前文提及的雲瀾灣女人溫泉，就是中國大陸的第一口女人溫泉，這是它能夠取得好業績的保障。**這裡要特別提醒，是成為「消費者心智中的第一」，而不是市場上的第一。**

如果你沒有進入消費者的心智，那你不是真正的第一。就像小洋人妙戀，它是第一個推出果乳飲料的中國大陸產品，結果營養快線迅速後來居上，成為最大的贏家。

你知道這意味著什麼嗎？這意味著模仿者可以成功，誰先進入消費者心智，誰就能獲得成功。**事實不重要，認知很重要，在定位的世界裡，永遠記住認知大於事實。**

第二，領導地位。當你是老大時，消費者就會相信你說的一切話，就會覺得你很好，因為我們尊敬並且仰慕老大。所以，茅台說「國酒茅台」時，有很多白酒品牌提出抗議，原因就是「國酒茅台」是一個非常強大的差異化，也是很好用的一招。屈特說過，「領導地位」是打敗競爭對手最有效的招數。

2002年，定位理論開始走入中國大陸，經過二十多年的市場普及，現在很多企業都已經進入定位的世界。我們2008年開第一堂定位課，這十幾年來已有超過一萬名企業家走進我們的定位課堂。如果加上沙龍和線上傳播，走進定位的人早就破百萬了。

領導地位這項戰略，什麼時候用的效果最好呢？在兩強膠著時，領導地位是最好的利器。

如果競爭對手的銷售額還不及老大的一半，那麼老大千萬不要用領導地位封殺。老大通常有兩個作用：一是品牌間的封殺競爭；二是引領品類發展，老大引領品類所有的小兄弟和品類外的對手展開競爭。

就好像茅台在醬香酒的世界裡遙遙領先，茅台一年能賣1000多億，第二名才賣到100億，只有茅台的十分之一。所以，茅台千萬不要封殺醬香酒的競爭對手，它反而應該引領醬香酒兄弟，告訴消費者喝酒要喝醬香酒，這才是茅台身為老大應該做的大戰略，把整個醬香酒品類做大，如此最大受益者自然還是茅台。

在定位理論進入中國大陸的二十多年裡，我還發現一個有趣現象，有很多小品牌開創了新品類，很喜歡用「某某品類開創者」來定位。

其實這並不是一個好戰略，因為它們太小了，剛剛開創一個新品類，就告訴消費者它們是這個品類的開創者和領導者，這毫無意義。

其實正好相反，新品類的開創者應該告訴消費者，為什麼要買這個新品類。最好的方法是告訴消費者新品類的利益點，這是吸引消費者購買的一個好戰略。

第三，市場專長。市場專長就是成為專家，聚焦只做一類產品，因為人們相信專家。

唯品會（中國大陸知名電商網站）是中國大陸線上品牌第一個走進定位世界的。2013年，唯品會開始訴求「一家專門做特賣的網站」，它放棄了很多頻道，以專家的身分專門做特賣，結果獲得了巨大成功。

2012年3月，唯品會在美國紐交所上市。兩年後，唯品會市值百億美元。在飽和經濟時代同質化大量生產的今天，絕大多數中小企業都有一個最佳的戰略路徑，就是把自己打造成專家。也就是說，企業千萬不要做成一千公尺寬、一公尺深。恰恰相反，**企業要做成一公尺寬、一千公尺深，這樣才能獲得長足的發展。**

這樣的案例在定位理論走進中國大陸的這二十多年間，比比皆是，有太多的專家品牌獲得了巨大成功。

定位與產品、服務和行業無關。定位最大的作用就是解決競爭，打敗對手，讓消費者買你，而不買你的同行。

2 與感知有關的三個方法

第一，傳承經典。經典分為兩種，分別是時間經典和空間經典。

比如國窖1573（註1），採用瀘州老窖酒傳統釀製技藝手工釀造。就是一個很好的時間經典案例，告訴你它的窖池已經有四百年以上的歷史了，所以你會覺得它值得信賴。

又如，我們一般相信紹興的黃酒比較好、涪陵的榨菜（中國大陸地方名產，於2008年被列為國家級非物質文化遺產）比較好、郫縣的豆瓣醬（川菜的主要調味料之一）比較好、廣西的荔浦芋頭比較好、勐海的普洱茶（位於雲南勐海的茶廠）比較好、這些都是空間經典。

當然，放眼看世界也是這個道理，比如緬甸的玉，南非的鑽石，俄羅斯的伏特加和魚子醬、法國的香水和葡萄酒、義大利的服裝設計、瑞士的手錶、德國的啤酒，我們會認為它們都很不錯，因為都是空間經典，這是一個打贏競爭的很好戰略。

在時間經典的戰略中，我想講一個來自浙江溫州里安的品牌：春光

註1 國窖1573是四川瀘州的名酒，屬於濃香型大麯酒，生產地位於明朝萬曆年間建造的國寶窖池群。

五金。它創建於1997年，專做門窗五金已有二十七年了。

門窗五金的技術最早是1930年代由德國、美國、英國研製的，它們最先研製出了鋁合金門窗。1990年代塑鋼、鋁合金技術引入中國大陸。2000年後，中國大陸現代門窗技術開始普及，春光五金在1997年正式註冊成立，它是中國大陸迄今能查到最早做專業門窗五金的公司。

我們從大量的消費者調查研究來看，消費者談到門窗五金時，對春光五金有個共同認知，就是「老品牌，歷史長」，這一點是它的競爭對手缺乏的。此外，還有接近一半的認知是「它就是專做門窗五金的」。

春光五金的戰略顯而易見，那就是「春光五金，二十七年專注門窗五金」。

這個戰略很妥善地和它的競爭對手做了區隔，「春光五金是此行業中最早成立的品牌，是深耕二十七年的專家」，很成功地贏得消費者的關注和認同，並在他們心裡留下極為深刻的專業形象。

第二，熱銷流行。一旦你的產品紅起來了，就應該讓全世界都知道。這涉及一個很大的心理因素，就是人們喜歡追逐熱點。一旦你的產品賣得好，就告訴全世界，而且這個「好」不一定要整年都好，這個「好」可以是任何時間段的好，你可以隨意截取一個時間段。比如說某年某月的幾日到幾日，甚至上午的幾點到中午的幾點都可以，哪段時間賣得好，就把它截取出來，最重要的是：一定要加大力道傳播出去。

在第四章提到的雅某就是因為熱銷流行，獲得了巨大的成功。

雅某在2009年是第一個用定位行銷自己的電動車品牌。當銷量達到一百萬輛的時候，雅某就透過廣告告訴全國消費者，它賣得很好，因為雅某了解，熱銷流行是可以走進消費者心智的招數，故刻意採用此戰略，結果一舉成名，2017年更登上冠軍寶座，直到今天都是中國大陸電動車產業的領導品牌。

如今，電動車產業的競爭更加白熱化了，各行各業最終也都會像電動車產業一樣走向頭部集中，只是集中度不同而已。

所以，儘快在更多選擇出現之前先成為行業老大，或者成為細分行業的老大，這樣才有希望基業長青，才有希望穿越企業的生命週期，讓自己的企業長青百年。

第三，最受青睞。最受青睞是指人們通常會觀察別人認為什麼是對的，然後以此來決定自己做什麼是正確的，也就是說他人行為會影響我們的判斷。利用最受青睞做為差異化，就是要向潛在消費者表達「別人認為什麼是對的」這項資訊。

大家可能已經注意到，這些年SUV運動型休旅車越賣越好，近十年變成了一個大賽道。可是仔細想一想，如果你生活在城市，SUV其實並不是一個很好的選擇（特別是四輪驅動），因為SUV的耗油量大，二是底盤高，轉彎還不能太急，三是自己開SUV雖然相當舒服，對乘坐者來說卻不一定有同樣感受。

那為什麼仍那麼多人買SUV呢？就是因為很多人都在買，我們受到別人的影響，結果SUV就越賣越好。

我們常常以為是自己做的決定，實際上並不是，別人會對我們產生深刻的影響，特別是名人、網紅或某個領域的意見領袖說的話，就更加有影響力。

比如有些餐廳老闆會把知名演員或知名企業家到餐廳吃飯的合影貼出來，就是想告訴消費者：「我的餐廳很好」，運用「他人」來傳播自家品牌，這是一個很好的戰略。

在這裡要稍微提醒一下，當我們執行「最受青睞戰略」的時候，請留意你選擇的「他人」得和你的品牌相匹配。

比如，有個做運動鞋的品牌，它請某位著名的跳水運動員做代言人，這就不是很合適，雖然這名跳水運動員在中國大陸家喻戶曉，但顯而易見，她比賽時是不穿鞋的！

3 與產品有關的三個方法

第一，擁有獨特性。以某個獨特性推廣出去，無論是人或品牌都得獨一無二。比如一提到瑪麗蓮·夢露，你會想到性感。但這裡特別提醒，特點並非生來平等。但我們要找到一個最佳的特點，這時「聚焦」就是關鍵了。

最有效的特性是簡單的，對於眾多特性進行篩選時，唯有聚焦並以利益為導向，才能拉抬銷售。

比如，涼茶有很多特性，可以降暑祛濕、解毒降火，但最終它聚焦在「降火」上，特性並非越多越好，一個有效的特性就足夠了。

但這個有效的特性要夠簡單，消費者一聽就能明白。

知名涼茶品牌──王老吉的文案是「怕上火，喝王老吉」，為什麼不選擇祛濕？因為北方人沒有濕的概念，只理解什麼是乾。涼茶還有解毒特性啊，為什麼不訴求這個呢？大家想像一下，如果飲料包裝上寫了「解毒」，那多可怕呀！會給人一個負面印象。如果不能促進銷售，就不是一個好的特性。

再舉一個例子，「利郎 簡約男裝」創立1987年，走的就是簡約這條大賽道。若仔細觀察時尚服裝產業，你會發現，無論時代怎麼變遷，簡約風始終貫穿近兩百年。

利郎創立於1987年，是中國大陸第一個商務男裝的宣導者。2002年首次提出「簡約不簡單」的戰略，迄今已有二十多年了。利郎始終把簡約這項特點貫徹在自己的品牌戰略中，獲得了長足的進步和巨大的成功，也是他們的品牌戰略。

利郎旗下目前有兩大系列，一個是利郎LILANZ（主系列），另一個是利郎LESS IS MORE（年輕系列）。這兩大系列都貫徹了簡約的風格調性，並且從色彩、圖案、材質、版型、剪裁、款式這六個維度去實踐。

同時，在簡約男裝這個品類下，利郎執行了最強單品戰略。

它們的耐洗襯衫可以機洗三十次仍平整如新；它的3D立體襠長腿褲讓人更顯腿長；它的抗水羽絨服可以放心機洗，快乾蓬鬆；它的四面彈牛仔褲，穿上不僅有型，還不緊繃。

更驚人的是，利郎的庫存幾乎為零，這在服裝產業簡直少之又少。

利郎收款順暢，現金流充沛，步入了高品質的發展軌道。

如果利郎保持戰略的可持續性並且時刻關注競爭環境的變化，我相信很快會實現中國大陸男裝走向世界的宏偉目標。

第二，製作工藝。好的製作工藝也是可以打動消費者心智的大招。

比方古嶺龍，是來自廣西柳州的保健酒。它的製作工藝就是陶缸浸泡整整三百六十天，這是它很明顯的產品差異化。古嶺龍的浸泡工藝也很講究，動植物分開，真材實料，還原最古樸的製酒工藝，在今日大多數都是科技製酒、鋼罐製酒的大環境下，古嶺龍的傳統陶缸泡酒顯得獨具一格，就連杯型也是獨創，使得品牌辨識度很高，「差異化」讓古嶺龍在兩廣地區暢銷了三十多年。

提醒各位，別以為只有工廠才有製作工藝，其實很多服務業也有製作工藝，比如教育類培訓機構，教音樂、唱歌、跳舞的行業都可以把教學流程轉變為製作工藝，這一點特別重要，不少教學工作者有很好的課程內容，可是並不知道怎麼做。

分享一個簡單有效的方法，稱為「製作工藝四步法」：第一步，找出製作工藝或服務項目中的獨特技術。

記住，只要是消費者不知道的技術就是獨特技術。獨特技術是從消費者認知層面來看的，而不是從行業認知來看，要找出一個消費者不知道的獨特技術。

第二步，為它取個名字，包裝成一個神奇成分，就好像含氟牙膏的「氟」一樣，這樣它看起來就與眾不同。

第三步，最好是可以註冊的，有專利加持會更好。

第四步，只要找到它，就要不遺餘力地傳播出去。

製作工藝一旦確定，就要保持戰略定力不動，做時間的朋友，這樣品牌才能進入心智。

第三，新一代。其實，超越競爭對手最好的戰略不是推出更好的產品，而是推出更好的新一代。

「新」才是戰勝對手的最佳戰略，「新」才是關鍵。

台鈴在這方面就做了大膽的嘗試，獲得了很大的成功。

在電動車的世界裡，雅某第一個走進定位的世界，它用「熱銷流行」戰略在2017年奠定了行業老大地位，愛某緊隨其後，身為產業排名老三的台鈴該何去何從呢？這是擺在台鈴面前的巨大挑戰。

台鈴最成功的地方就是它從2006年開始專攻「續航時間」這個賽道。想在電動車產業上跟前兩大品牌競爭，顯然得付出很多戰略資源，這並不是台鈴想做的，它也不應該跟這兩大品牌打陣地戰，所以台鈴非常巧妙地打了一場行業側翼戰。台鈴深知，所有買電動車的消費者最大的焦慮就是續航力問題，所以它盯準了這個賽道。

台鈴連續十七年專注長續航核心科技，它的續航力能有效提升10%以上，動能轉化率高達90%以上。它還是中國大陸電動車產業節能標準唯一企業起草單位，首創了電池、電控、電機三電一體體系，這為台鈴的續航力打下了堅實的基礎。

台鈴也是長續航世界紀錄的保持者。據金氏世界紀錄記載，台鈴一次充電可以行駛656.8公里。這一切構成了台鈴精彩的側翼戰戰略，它避開電動車常規賽道，專注在長續航電動車這個細分賽道上。

聚焦使台鈴在2022年的銷售量迅速成長到近八百萬輛，台鈴長續航電動車戰略給我們的啟示就是，在產業老大給我們造成巨大競爭壓力的情況下，老二以下的品牌完全可以另闢賽道，躲開老大的戰略壓力。

以上九個差異化方法，如果我們能熟練地掌握得當，大家就可以根據產業競爭的情況、根據對手的情況，適時制定出基於競爭、基於對手的戰略。

其實，九個方法中的每一個都可以為企業帶來差異化，但最終要選擇哪一個，不是取決於企業本身的優勢，也不是取決於企業領導者的喜好，而是「取決於競爭對手」、取決於擋著你發財的對象，我們要針對競爭對手制定完全不同的企業戰略，這才是最正確的打法。

03
第三步，設計信任基礎：讓消費者快速相信你

一旦找到擋著我們發財的對手，並且藉此制定企業戰略以後，接下來的工作就是要設計信任基礎。

為什麼要設計信任基礎？

有一個很重要的原因，就是當消費者看到一個新品牌，或者看到一個新產品的時候，消費者常常會選擇不相信、不信任，這時，信任基礎就會發揮非常關鍵的作用。

什麼是信任基礎？簡單地說，就是能讓你相信某事或某物的東西，也就是我們常講的背書。

2006年，我到北京協助創立渣打銀行北方的第一家分行——北京燕莎分行。在銀行開展業務的過程中，我發現了巨大挑戰，就是「渣打銀行」這個名字。很多潛在顧客會提出一個疑惑問說：「渣打銀行，這是一家什麼樣的銀行啊？」

其實渣打銀行是一家歷史悠久的銀行。於1853年誕生，1858年進入中國大陸，渣打銀行的中國大陸區總部在上海，當時渣打銀行主要分布在華東區和華南區，還沒有在華北區設立分行，所以華北區的顧客對渣打銀行的確不太瞭解。

要怎麼破局、讓工作順利開展呢？走進定位世界的我迅速地意識到，要在認知的沙漠上建立渣打北方區。在這之前，我們的同事會耐心地告訴顧客，渣打銀行是英資銀行，總部設在英國倫敦等，但效果並不如想像中那麼有效。怎麼辦？

我加入渣打中國以後，只用一招就輕鬆化解了這個難題。

2006年，香港有兩家外資銀行做為港幣的發鈔行，一家是滙豐銀行，另一家就是渣打銀行。我向香港渣打銀行提出申請，調了一批二十元面額的港幣到北京市場，爾後發給每位銷售人員，讓他們放進自己的錢包，以後見到顧客説的第一句話就是「渣打銀行和滙豐銀行一樣，都是港幣的發鈔銀行」，瞬間就能化解顧客的疑慮，勝過千言萬語。

大家知道這其中的玄妙在哪裡嗎？

一個原因是，在2006年的中國大陸市場，港幣的發鈔銀行是值得信賴的。另一個原因是，我連結定位了滙豐銀行。為什麼這麼做？因為渣打銀行當時在中國大陸還沒有人民幣牌照，只能做外匯生意，辦理外匯業務的北京顧客基本上都知道滙豐銀行。連結滙豐銀行就能迅速告訴潛在顧客：我們和滙豐銀行一樣值得信賴。

後來，結果就不一樣了。當我們的潛在顧客知道渣打銀行和滙豐銀行都是港幣的發鈔銀行後，他們的反應居然是：「喔！怪不得嘛，渣打銀行一看就是外資銀行。」

你看，如果沒有港幣做信任基礎、做背書，人們就會把渣打銀行解讀為「不信任」。渣打銀行發行的港幣一拿出來，人們就會迅速消除疑慮，並且認為它是一家外資銀行。

這就是我們講的「心智之戰」。什麼叫定位？**定位就是在心智中創建或重組一個認知，通俗講就是好好聊天，好好和顧客說話。**

取得顧客信任的渣打銀行華北區，果然在隨後幾年就有了長足的進步。短短三年時間，我們就在北京、天津、大連、青島等地連續開設十二家分行，成長相當快速，做出了華北區應有的貢獻，為渣打中國零售銀行業務打開新局面，這就是信任基礎的巨大作用。

信任基礎主要有三種類型：

第一，第三方認證。例如行業協會、中華老字號、非物質文化遺產等，都是很好的第三方認證。需要提醒的是，第三方認證一定要有權威性。很多企業的廣告會說「我爺爺、我奶奶都說我的產品好」，這並不是一個很好的信任基礎，因為「爺爺奶奶」沒有公信力。

第二，產品本身。產品本身也可以是一個很好的信任基礎。

例如，如果你要買一輛四輪驅動汽車，SUBARU可能就有個很好的信任基礎，因為它只做四輪驅動。來自杭州的新豐小吃，它只做小吃，這也是一個很好的信任基礎。來自青島的點石製筆，它只做筆，同樣是很好的信任基礎。

第三，既有認知。我們通常認為法國的葡萄酒很好、中國的絲綢很好，這就是典型的既有認知。我們再拓展一下，中國大陸的陶瓷、茶葉、白酒，還有中醫中藥、中華美食等也很好，如果你成為這些行業或細分行業的代表，就很容易被全世界所認可，就有機會走向世界。

信任基礎怎麼用呢？有兩個關鍵點：

第一，有效的信任基礎只要一個就夠了。

信任基礎並非越多越好。比如，慶豐包子說連習近平都來我們店吃包子，你說這個信任基礎夠不夠強大？

第二，信任基礎一定要支持差異化。

以雄正醬香酒為例，它的差異化戰略就是「雄正，醬香酒本來的味道」，它的信任基礎是什麼呢？仡佬族非遺傳承人釀造。西元前135年，仡佬族釀出了第一罈醬香酒，雄正是仡佬族傳承下來的一瓶酒。所以，信任基礎一定要支持你的差異化，這點千萬得注意。

接下來談談如何設計信任基礎。很多人走進定位世界後，會說：「我們品牌沒有什麼信任基礎，怎麼辦？」

其實，只要你有了信任基礎的概念，同時有了「信任基礎可以設計」的認知，嘗試仔細觀察，機會就能經常出現。比如前文提過的第一個走進定位世界的勁霸男裝就設計了很好的信任基礎。

2006年，勁霸參加了法國羅浮宮展覽，它寫了一個很好的品牌故事：「勁霸男裝，唯一入選法國巴黎羅浮宮的中國男裝品牌。」這就是一個非常強大的信任基礎。因為大多數人會認為，在服裝的世界裡，法國是個指標，能去法國羅浮宮參展，是了不起的光環和成績。

這說明了，巧妙地利用各種可能出現的機會去設計信任基礎，是提升品牌定位的好戰略。

04
第四步，精心策劃：你看到的都是我想讓你看到的

最後一步就是在企業的實際營運過程中，針對產品、價格、包裝設計等方面都精心展現出優勢。

接下來以「甘其食」這個包子鋪連鎖品牌為例，它在定位的護航下，只用了短短十三個月的時間，就讓銷售業績翻三倍、估值翻六倍的好成績。這一切是怎麼取得的呢？接下來就進一步說明如何運用四步驟成為細分市場的老大。

＋ 第一步，找到擋著你發財的競爭對手 ＋

甘其食在上海、杭州兩地都有包子店，上海有十幾家，杭州有二十家。透過市場調查，我們發現甘其食的主要競爭對手來自上海的巴比

饅頭、食在高包子鋪，還有南京的青露饅頭，三間都是知名的包子連鎖品牌，以及大量的獨立品牌小店。

＋ 第二步，九個差異化方法 ＋

甘其食採用「最受青睞戰略」，它們的品牌故事是這麼表述的：

杭州沿街小鋪
排隊購買的，不是火車票
是甘其食的包子
好吃，當然更受歡迎
甘其食，最受杭州市民喜愛的鮮汁肉包

這個故事源自我看到的一則微博，一位網友把自己在2011年的一段經歷發到微博上。當時，甘其食在杭州下沙有間店，隊伍排得最長的時候超過四百公尺，這位網友當時急著買火車票，當他看到這麼長的隊伍時，誤以為是賣票的，就跟著排隊。

結果一個小時過去了，終於輪到他，竟發現不是賣火車票的，而是賣包子的，他就買了兩個包子。然後很感慨地在微博上說：「大家以後要注意，如果你在杭州的沿街店面看到大排長龍的隊伍，不一定是買火車票哦，有可能是在買甘其食的包子。」

最後，他對甘其食的結論是包子好吃。

為什麼？因為如果排了一個多小時的隊，結論是包子不好吃，那就不是包子有問題，是人有問題了！

這是個很有趣的花絮，在這裡我們找到了區別於競爭對手的大招，即讓消費者買甘其食而不買競爭對手的理由——「最受杭州市民喜愛的鮮汁肉包」。

＋ 第三步，設計自己的信任基礎 ＋

2012年，杭州市餐飲旅店行業協會舉辦了全市包子大評比，經過激烈的角逐，甘其食拿到了其中的一個獎項——「最受杭州市民喜愛的鮮汁肉包」。這充分反映出甘其食包子的品質，包括它用的材料、製作工藝等都深受肯定，這就成為品牌的信任基礎。

＋ 第四步，展現甘其食 ＋

怎麼讓廣大消費者看到甘其食、記住甘其食，並產生購買行為呢？他們內部做了非常多的重大調整，總共有十一項，以下一一講解：

第一，市場布局。甘其食當時在上海有中央廚房、十幾家店，在杭州有二十家店，這面臨一個選擇：是繼續留在上海，還是留在杭州？還是杭州和上海都做？又或者是杭州和上海都做了以後，再開闢新市場？怎麼選擇呢？又為什麼要這麼選呢？

我在線下課堂講這個案例的時候，問過很多走進定位課堂的中國大陸企業家，不少同學給我的回饋是應該留在上海，因為上海位能高。還有人說應該留在杭州，相對來講可能便宜一點、成本低一點。另外有人說中央廚房在上海，那就應該留在上海。

我們最後的選擇是回到杭州，把上海的店面陸續關掉。

不是因為成本的問題，也不是因為創始人是浙江人，最主要的原因是上海的競爭太激烈了。甘其食在上海的主要競爭對手就是巴比饅頭，它的總部也在上海。巴比饅頭當時在江浙滬共有六百多家門市，它的實力非常強大，遠遠超過甘其食。但是巴比饅頭當時在杭州只有二十家店左右，跟我們的實力水準差不多，所以我們撤出了上海，屯兵杭州。

這就是定位講的，**要找一個競爭對手相對薄弱的環節去突破，而不是根據自己的喜好做決定。**

第二，連鎖方式。到底是加盟還是直營好呢？我問過很多企業家，有的人說直營好，因為直營好管理；有的人說加盟好，因為加盟可以迅速擴張。

最後我們選擇直營。最重要的原因不是好管理，而是我們的競爭對手都是加盟，所以我們就要反著來，做不一樣的事情。

在定位的世界裡，我們特別強調兩個概念：**一是心智，它關乎認知；二是競爭，它關乎對手。**很多時候，我們的戰略、信任基礎、營運都是圍繞這兩個概念展開的。

第三，市場拓展。要集中拓點還是逐步拓點？市場上也有兩派意見：一派說要集中拓點，這樣市場拓展速度快。但集中拓點有個最大的挑戰，就是需要大量資金，而且短期內要承受虧損的壓力。另一派說逐步開店比較穩健，但問題是市場拓展速度太慢。

該怎麼選呢？定位的原則就是基於競爭對手來制定。由於對手是逐步拓點，所以我們必須集中拓點，而且要迅速地搶占杭州市場。資金壓力大怎麼辦？那就去籌資。幸虧有個新股東加入甘其食，他很夠力，手邊有1000萬人民幣，還拿了上海的房子做抵押，貸款500萬，總共給甘其食1500萬元人民幣。很多店面的房租需要一次支付半年，甚至一次支付一年，若是一間二十二平方公尺左右的甘其食街邊店，開店一年的成本大概要25萬元人民幣。

甘其食在2012年大概開了八十多家門店，需要2000萬元資金。資金來源除了剛才說的1500萬元，還有越來越多的門市回流資金。到了2012年底，甘其食在杭州已有百家店面。

第四，設計產品。產品怎麼取捨呢？甘其食之前有十幾種產品，最終我們用二八原則選了五種。留下有80%貢獻的產品，放棄其他20%的產品，其實這一點在當時並不容易實現。

甘其食有個產品部經理，他非常反對只做五種包子。他說：「我們的產品本來就少，只有十幾種，我們的競爭對手巴比饅頭有三十多種。如果再砍掉一大半，那我們就幾乎沒有什麼產品了。」但我還是堅持只做五種產品，結果這個產品經理憤而離職。

大家知道為什麼甘冒風險也要做這個決定嗎？還是基於競爭對手的緣故。他們做多，我們就做少。當你和全行業做得不一樣，**當你和老大做得不一樣的時候，你在整個行業中就顯得非常另類，很容易被消費者識別**，這是一個原因。還有一個重要原因，待後面揭曉。

在產品上，除了經典的肉包，我們還設計了每月新品，透過每個月上架一個新品，不斷地測試市場。每月新品為我們帶來很多、很好的經驗累積。

舉個例子，有一款每月新品賣得特別好，是「韓式泡菜包」。剛推出時，我們賣2元人民幣一個，然而當時一般肉包才賣1塊5。我讓許多企業家猜猜看，為什麼我們要這樣定價格。企業家們的回答是：「肉包是流量產品，韓式泡菜包是利潤產品。」

其實，我們當時不是這麼想的。主要目的是想測試消費者對於一個包子賣2元的接受度，藉此瞭解消費者對於這個價格是否會買單。

很有意思的是，韓式泡菜包是我們所有包子裡成本相對較低的，肉包反倒是成本相對高的。大家有沒有發現，其實定價跟成本不一定有直接關聯。那怎麼確定一個產品的價格呢？定價跟競爭有關，也跟定位有關。

韓式泡菜包為我們帶來的另一個啟示就是：我們為什麼要叫韓式泡菜包，而不叫泡菜包？很多同學說是因為韓國的泡菜最好。這算是說對了一半，顯然我們連結了消費者心智中的認知，這有利於銷售，這也就是為何有那麼多日式、韓式產品在市場上的原因。

我們最後確定了五種包子，包括鮮汁肉包、香菇青菜包、梅干菜肉包、馬鈴薯牛肉咖哩包和桂花豆沙包，外加一種高莊饅頭，還有豆漿。我們的產品極其簡單，和我們的競爭對手形成了巨大差異。

第五，確定產品價格。確定包子種類以後，怎麼定價呢？顯然這些包子的成本不一樣，我們應該根據成本來定價，還是統一定價呢？

最後我們選擇了統一定價。你知道為什麼嗎？有讀者可能會說，因為競爭對手都是根據成本定價的，我們要跟它們反著幹，所以要統一定價。這一點並沒有錯，但還有一個很重要的原因，一樣後面揭曉。

第六，確定服務標準。如何確立我們的服務標準呢？比如見到老客人、要不要微笑、要不要打招呼、要不要寒暄？包子這個行業很有意思，很多吃包子的人都是重度消費者、回頭客。

我們店員對於許多老顧客都很熟悉，但奇特的是，我們規定不准微笑、不准打招呼、不准寒暄。為什麼這樣規定呢？一個很重要原因就是「時間管理」。

賣包子最繁忙的時間，就是早上的兩個小時，從早上六點半到八點半，或者從早上七點到九點，具體要看門市的位置。如何讓店員在這段黃金時間裡發揮最大的效率，是我們每天都要思考的問題。

我們當時的規定是每十秒要成交一位客人，這意味著每個早上必須成交七百二十位客人，平均客單價是6元人民幣，早上兩個小時的營業收入就是4320元，再加上上午和下午，一天大概能賣到5500元人民幣。但如果你打招呼，可能三秒的6元人民幣就沒有了。

最快的時候，我們三秒就能成交一筆。當一位客人在收銀台放下5元紙幣加一枚1元硬幣時，店員給他兩個肉包、一包豆漿，不會有錯。當你看到他放下10元紙幣和一枚1元硬幣時，你就找他5元，給他兩個肉包、一包豆漿，也不會有錯。

我在競爭對手的南京門市也做了測試。我跑到同行的店面去，輪到我的時候，我說：「哇，好多好吃的，我看一下。」因為它有四十多種產品，店員回我說：「你看一下吧。」看完以後，我選了四種產品，給他20元。

店員很快地找了零錢，我說找錯了，他馬上反駁說：「哪裡錯了嘛，你自己算。」結果算來算去誰錯了？肯定是我錯了嘛。於是我跟他說：「對不起啊，沒算清楚。」

結果這一來一回，將近花了兩分鐘，你知道這有多可怕，一個早上只有一百二十分鐘能賺錢，如果按照這個速度，可能連一百個客人的錢都賺不到，營收就大打折扣。

回到甘其食，我也去了他們店面排隊。輪到我時，就說：「哇，甘其食的包子真好吃，我看一看。」甘其食的店員見到像我這樣的顧客，你知道他們的統一回答是什麼嗎？只有三個字：「下一個。」

當店員喊出「下一個」的時候，我後面的老先生立即用手肘把我推開了，還說：「總共也沒有幾個包子，還要看看看！」雖然被他推開了，但我的心情是愉悅的。這個瞬間，就是我們和競爭對手的不同。

這是高階思維對低階思維的碾壓。你能理解為什麼我們只做五種包子了吧？你能理解為什麼我們的定價要統一了吧？也能理解為什麼我們不提供微笑服務了吧？所有的一切只為了一個字──「快」。

你想一想，早上買包子，消費者是著急還是從容？肯定都很著急。所以，我們只提供一種服務，就是「快」！做服務行業竟然不提供微笑服務，我們當時在杭州就是奇葩，很快地引起關注。

第七，確定主要客群。我們是直營店，我們的主要客群鎖定在20～34歲的年輕人，我們店員自然選了20多歲的「小仙女」、「小鮮肉」，由他們來展現甘其食朝氣蓬勃的一面。

我們的競爭對手是加盟店，他們店裡很多是祖孫三代，祖孫三代展現出來的店面形象和20多歲的年輕人相比，肯定有落差。

第八，店鋪招牌。甘其食招牌的第一代設計有四個組成元素：一是「甘其食」品牌；二是英文GORGEOUS；三是「精作鮮包」；四是一個logo，是小廚師端著兩籠包子，炊煙裊裊的感覺。最後我們把店鋪招牌精簡到只剩一個logo加「甘其食」，把英文GORGEOUS和「精作鮮包」去掉了。

為什麼沒有必要留英文呢？因為中國品牌在當地賣，特別是這種日常餐飲產品，完全沒必要用英文，而且英文對中國大陸的影響力已經越來越弱了。

另外，就是「精作鮮包」。我問甘其食創始人有沒有「粗作鮮包」？創始人說沒有。那什麼是「精作鮮包」呢？他只是想說包子做得很認真、很精細，這也完全沒有必要。

再補充幾個小花絮：

第一個，「甘其食」三個字最初展現出來的時候，是變體字，很多人把它讀成了「甘其原」，其實這不是一個好設計。我們很多人在寫自己品牌的時候，會做一些變體字設計，導致顧客讀錯，這是非常糟糕的。最好就是像「王老吉」那樣規規矩矩，顧客永遠不會讀錯，包括取名字也不要取生僻字。

有的企業家會說，「王老吉」寫得這麼正規，好像不酷，有點土。其實，名字酷不酷根本與它的字體沒關係，而是和它的價值有關係。

如果一個品牌，告訴你它值100億，它值500億，哪怕它就寫成正楷體，你也會覺得它很酷。所以，名字變體是兵家大忌。後來，「甘其原」改回到「甘其食」，讓消費者更好辨識了。

第二個，儘量不要用logo。在今日，logo已經沒有什麼意義了。早期識字的人不多，設計logo是為了提高辨識度，讓消費者能辨識商家是賣什麼的，但現今已經不需要特別這麼做了。

仔細想想，你能記住多少logo？我們記得住那個打鉤的Nike，可是那個打叉的是什麼？我問過很多人這個問題，大多數人要想一想才能反應過來，甚至反應不過來。你知道全世界有多少個logo嗎？全世界的logo何止千萬，我們能記住幾個？

第三個，店面招牌上出現的資訊越少越好，而不是越多越好。

招牌的力量是什麼？就是「只是因為你在人群中看了我一眼，我便讓你久久不能忘懷」。所以資訊最好就是品牌＋品類，或者就是品牌。比如「甘其食」或「甘其食鮮汁肉包」，只要簡短地把品牌或者品類打上去，就已經可以完美地展現自己了。

第九，界定主業。甘其食在2012年成長的時間裡，還是面臨很多誘惑的。

比如當年杭州推廣早餐車，總共五千輛，結果第一批一千輛招標時，創始人的朋友得標了。這一下創始人非常高興，打電話跟我說：「顧老師，我的朋友得標一千輛餐車。我們把甘其食的包子放到餐車上去賣，每一輛車不用多，每天賣100元人民幣，一千輛就是10萬元，一年將近有4000萬元的銷售額。」

甘其食當時一年也就將近4000萬元的銷售額，一千輛早餐車可以使銷售額翻一倍呢！如果是你，會同意將甘其食的包子放上早餐車嗎？我估計大多數人都會同意的，可是我們最終沒有同意。為什麼？因為把甘其食的包子放上早餐車會破壞它的經典品相。

甘其食的經典品相是什麼？

有五個特徵：第一，沿街；第二，小鋪；第三，現包；第四，現蒸；第五，外賣。我們來看早餐車：第一沿街，它有；第二小鋪，它沒有；第三現包，它沒有；第四現蒸，它沒有；第五外賣，它有。也就是說，五個裡面三個沒有，嚴重破壞了甘其食的經典品相。

為什麼我們特別在意這個？因為這一點很重要，我們要讓消費者一想到甘其食，就能在心中勾勒出它的樣子，一看到沿街小鋪現蒸現賣，就能想到甘其食。就好像我們一看到紅罐就想到王老吉，一講到王老吉就想到紅罐，同樣的道理。

還有一次，中國大陸知名房地產品牌——浙江萬科給了我們一個店面，因為萬科當時的總經理是甘其食的粉絲，他特別喜歡吃甘其食。萬科的一棟大樓有一千多家住戶，他們也需要為住戶提供很好的生活機能。

看到甘其食的包子賣得很好，所以他跟創辦人說：「我們提供一個七十二平方公尺的店面給你，可以三年免收你租金。」這相當於每年省50萬元，三年就省了150萬元呢！創辦人非常高興，馬上打電話跟我說。

如果是你，你會去嗎？而且還可以做一個甘其食包子的旗艦店，可以像賣麵包那樣有很多貨架，甚至還有一些簡單的餐桌椅，可以坐下來好好享用包子。我想大多數人肯定會答應，但我們也沒做。為什麼？還是那句話，它不符合甘其食的經典品相。

這就是品牌的力量！定位在打造品牌，不是在賣貨。

甘其食就是在打造品牌。如果是賣貨，肯定會上早餐車，也肯定會開旗艦店。各位讀者，「經營品牌」和「賣產品」兩者的區別在哪裡？我想大家應該有點感覺了。

第十，廣告。2013年初，甘其食在春節到來之際，在杭州的各大電影院開始投放廣告，宣傳甘其食的品牌故事，這也是一件非常了不起的事情。

像包子這種麵食小吃，還真沒有人會在電影院、劇院做廣告，結果引起了很大的轟動，也引發了很大的認同感。你可能對甘其食包子做廣告沒有什麼感受，我卻有很大的感慨：甘其食透過高速成長，終於走上了建立品牌的道路，而且甘其食是第一個走進電影院做廣告的包子品牌。

第十一，公關。甘其食做了很多公關動作，比如攜手《錢江晚報》開展暖胃行動，幫助貧困山區的孩子；與浙江工商大學聯合成立中國傳統食品研究發展中心，設立了「甘其食」中國傳統食品大學生創新創業大賽基金，為此每年贊助50萬元人民幣。

一個做包子的民營企業，是中國大陸最普遍、最不起眼的小企業，居然會設立基金，還得到高等學府的認可！甘其食開創了一個了不起的事業，這也是一個了不起的起點。

第十二，推廣。甘其食是怎麼做推廣的？我們當時做了一件很有趣的事，就是在全杭州招募全年試吃員。

試吃員的條件是什麼？就是我們的主要客群——年輕的白領上班族。試吃員每天可以免費品嘗兩個包子和一包豆漿，而且到自己方便拿的站點去領。你覺得會有人申請嗎？肯定有啊，很多人申請。

我們當時的計畫就是，一年在杭州招募幾百位試吃員。大家想一想，甘其食為什麼要招募試吃員呢？這是一個很有意思的話題，我先賣個關子。

甘其食招募試吃員，並不是一次招募幾百位，每次只招募五十位。也就是說，它始終保持常年的招募進度，就是為了能一直維持甘其食的品牌熱度。

每次招募的試吃員來了以後，就帶他們去參觀甘其食的工廠、參觀原料採購地、參觀門市，讓甘其食的試吃員更深入地瞭解甘其食，也監督甘其食。大家知道這一切的目的是什麼嗎？大多數人起初並不理解為什麼要這麼做。

2012年，甘其食成長的速度非常快，幾乎每家店都要排隊。然而，一個企業的高速成長必定會給同行帶來很大的競爭壓力。有一次，我們開了新門市，沒想到發生一個小事件。

新門市附近有一家小夫妻新開的包子鋪，才開一個星期，等我們新門市開幕，他們就開不下去了，很快就倒閉了。結果這對小夫妻的丈夫抓了隻蒼蠅放進甘其食的包子裡，然後拍了照片，放上微博說：「甘其食的包子裡有蒼蠅。」

這件事情發生以後，甘其食當然高度重視了，因為牽涉食品安全的問題，那怎麼處理的呢？我們分兩步進行：

第一步，就是送上慰問金。請工會主席帶了600元人民幣，用現金慰問這對破產的小夫妻，跟他們說甘其食初來寶地，給他們添麻煩了，真的很抱歉並送上慰問金。請大家注意，這是慰問金，不是補償金。我們又説，既然你們和我們一樣都喜歡包子，那歡迎你們加入甘其食，共同做大包子事業，為杭州市民提供更好的服務。

第二步，就是啟動試吃員。因為這些試吃員很瞭解甘其食，他們就迅速行動起來。有一個試吃員是這麼説的：「一看就是假的，包子的肉都剁成餡了，哪裡還看得出蒼蠅。」

還有很多試吃員分享他們參觀甘其食工廠、店面、採購、原料的實際圖文，所有分享鋪天蓋地衝上微博，負面資訊很快就被更多的正面資訊覆蓋。當然，這對小夫妻因為感受到了甘其食的真誠，他們撤下了照片，這件事就圓滿解決了。

其實，試吃員有一個很大的作用就是協助危機處理。一個企業的高速成長，往往是以同行退出市場做為代價的，正所謂一將成名萬骨枯。高速發展的企業要留意這部分，食品企業更要做好危機處理。

至此，我向大家全面闡述了一個普通的食品企業、連鎖企業，它確定了定位之後，在營運上做的一系列配套動作。而這一切都是圍繞著「定位即差異化」展開的，和競爭對手形成了很好的區隔。

這就是定位講的：**做跟競爭對手不一樣的事，你才能打贏競爭，贏得顧客的選擇。**

第7章

讓競爭對手消失

「先進思想」對「落後思想」是種輾壓

01
對手強大，就貼負面標籤

在定位課堂上，有位做房地產生意的吳同學，請我做他的戰略顧問，他說：「顧老師，我們的品質比競爭對手更好，但我們看起來沒他們那麼厲害，怎麼辦？」

對手是房地產界的前五強，在吳同學的建案後面兩公里處開了一個更大的建案，而且有不少優點，比如大門更寬、綠化更多，還有一些休閒區設計等。顯然對手研究過吳同學，新建案景觀給人的感覺的確更好些，但房屋品質和格間設計卻未必有吳同學的建案好。

我找時間先去看了吳同學的建案，之後坐車沿著對手的建案轉了幾圈。在週邊仔細觀察一番後，我還到接待中心問了很多問題，然後就發現端倪，建案對面有家醫院。

但很奇怪，接待中心向我介紹他們建案的五大優勢時，居然沒提到醫院。一般來說，離醫院近是加分，就醫比較方便嘛！為什麼對手刻意不說這個優點呢？我問了吳同學公司裡的銷售人員，他說：「那是家精神病醫院，就在新建案馬路對面。」

我說：「哦，原來如此。附近還有什麼是客人可能不能接受的？」

銷售人員說：「八百公尺外有個火葬場。」

我問：「到新建案看房的人，會不會也到我們這邊來看？」

銷售人員回答：「會的。」

好，是時候重新定位競爭對手了。

我告訴銷售人員，以後主動介紹對手新建案給客人，反正你不說，客人也會去，這是第一；第二，說的時候最後加一句：「新建案還不錯，就是要經常關窗。」

這時有位銷售人員回我說：「其實聞不到味道的。」

在定位裡有一個理念：「事實不重要，認知很重要。」**今天的商戰是一場認知戰。**農夫山泉有點甜，真甜假甜不重要，你覺得甜很重要。因為，不是風在動，是「心」在動。一旦在心智中建立了負面認知，怎麼聞都會有味道。

戰爭是殘酷的，商業就是一場戰爭。殘酷的是房子多，買家少。若不把對手幹掉，房子怎麼賣啊？

02
新品牌一炮而紅

一個新品牌若靠定位起步，可以一炮而紅。

有位學習定位的同學想做湘菜，取名「湘江南」，問我覺得這個名字怎麼樣。我說不怎麼樣，因為模仿俏江南，給人的第一個反應「是個山寨版」。

於是我教這位同學如何透過七步驟創立一個湘菜品牌。

第一步，回到長沙。在當地先研究湘菜是怎麼起步的。

第二步，查一下1949年以前，在湖南到底有多少湘菜品牌。把這些品牌全部列出來，看看哪些還活著、哪些倒了。結果一查嚇一跳，竟有六十多個品牌。

第三步，在這六十多個品牌裡選一個。選品牌要遵循以下原則：

1 做得好的不用選，太貴了；

2 有負面認知的不要選，有風險；

3 看哪個品牌跟湘菜發展史有關，首選高度相關的；

4 看這個品牌有沒有一個經典的歷史人物；

5 這個人物與湘菜發展史越相關越好；

6 這個品牌或人物，越有故事越好；

7 這個品牌最好有個代表品項，比如辣椒炒肉。

第四步，買下這個品牌，但不要100%買斷，因為經典需要傳承。

第五步，回到家鄉，啟動公關。把一個來自湖南，有百年歷史、有經典人物、有傳奇故事的湘菜品牌故事講得生動、深植人心，就會有人開車專程來點你的「辣椒炒肉」。

第六步，選址開店。可以在一個區域開兩店甚至三店同開，這樣會有傳播性。

第七步，打廣告。告訴廣大消費者，有故事的湘菜品牌開業了。

在你的家鄉，你肯定不是第一個做湘菜的，所以得先思考一個問題：消費者為什麼要到你這裡來吃湘菜？

有歷史故事加上有代表性的菜品，就是讓顧客來的好理由，這就是定位戰略。因為你賣的是一個品牌故事，而不是賣料理而已。消費者接受了你的品牌、你的故事，你的菜就好吃了。

定位是操作性特別重要的學科，既有戰略高度，又有落地實踐。

有同學問，用這種方法做餐飲業可以，那做別的行業行不行？當然行，非常行，因為**成功是一場有預謀的精心策劃。**

03

小品牌的逆襲之路

沒有什麼品牌小到不可以成長，也沒有什麼品牌大到不可以攻擊。只要你走在一條正確的路上，幾千萬的銷售額只要短短幾年就可以翻十倍。

有一個非常經典的案例，它示範了小品牌如何逆襲。

在老子的故鄉周口，有個品牌叫周家口牛肉，透過多年努力，該品牌進步很多，但也面臨很大的挑戰。

因為在周口地區還有一個牛肉品牌，為了表述方便，我們姑且稱之為「周周」。它的歷史比周家口牛肉更長，價格比周家口牛肉便宜，賣的量也比周家口要大，銷售額已經破億，而周家口只有幾千萬。

對手是大品牌、長歷史、低價格、高銷量，這場仗怎麼打？

周家口牛肉的掌門人，他走進了我的定位課堂。我們研究了一套打法，完全出乎競爭對手的預料，取得了不錯的效果。

一開始，我去做調查研究時，問其他街邊店的老闆：「周家口牛肉賣得怎麼樣？」

他說：「賣得還好吧，但不如周周賣得好，人家實惠啊，周家口牛肉貴，現在的人做生意能省錢就省錢。」

我做了大量調查研究之後，又跟周家口牛肉的業務聊，我問他：「你們為什麼賣得這麼貴啊？」他說：「我們的牛肉加的湯汁少，牛肉更緊實、份量足，成本自然高，只好賣得貴一點。但是我們的牛肉嚼勁更足。」

我聽到了一個亮點，就對業務說：「既然貴，我們乾脆把貴說出來，『高檔牛肉周家口，更緊實』。既然市場上的認知是我們貴，競爭對手也知道我們貴，那我們就把『貴』當成一個購買理由傳播出去。」

我們把「貴」當成差異化傳播後，產品反而好賣了，這是為什麼呢？因為周家口牛肉有一個很大的市場，就是「送禮」。在這個市場上，大品牌賣得便宜的話，那小品牌就不能賣便宜，而且要想辦法生存下去。

你想想看，接受禮物的人若發現自己收到平價品牌的話，他會怎麼想？「原來對方送了便宜貨給我。」大部分人的邏輯就是：貴的才是好的，好的就是貴的。

於是我們充分利用這一點，借用消費者的認知，打了一個廣告——「高檔牛肉周家口，更緊實」，然後我們設計了兩個信任基礎：

第一個是產品本身。我們的牛肉確實很緊實。告訴消費者什麼是好牛肉？一塊牛肉，一刀下去，切得動但沒有多少湯汁，肉質很飽滿的，就是好牛肉。如果一切下去就軟塌了，有很多湯汁，那牛肉品質就一般。

第二個是要得到行業中的認可。我們參加大型比賽，榮獲中國醬滷牛肉領導品牌。

接下來就是把周家口牛肉的定位、信任基礎展現給大眾知道。現在周家口牛肉做得非常好，背後有個重要原因就是老闆很有魄力。老闆是周口地區最大的零售集團，第一年就拿出一筆錢來做廣告。

主要戰場在周口，那廣告怎麼做呢？買車體廣告。當時周口地區的公車大概有近千輛，周家口牛肉買了三百多輛，後來越買越多，買到接近一半。

大家記住，如果你的預算金額是固定的，打廣告就不要散著打。不要又投公車、又投捷運、又投公車站、又投電梯媒體、又投線上影片。選中一個賽道、把預算全部投入一個區域裡，打廣告要有足夠的濃度才能擴散出去。

周家口牛肉就選了公車。結果不得了，紮紮實實地烙印在當地消費者的心智裡。現在，大眾對周家口牛肉的認知就是：「周家口牛肉貴一點，好一點。」

第一年周家口牛肉的銷售額幾乎翻了一倍，超過了競爭對手，第二年破兩億。短短幾年時間，一個千萬銷售額的企業做到幾億營業額，周周已經被遠遠甩開了。

後來，我又重新調查研究，問其他街邊店的老闆：「周家口牛肉賣得怎麼樣？」

他說：「賣得很好啊！」

我問：「周家口牛肉不是貴嗎？」

他說：「現在的人，誰不想吃點好的！」街邊店的老闆真會聊天啊。

一個好的定位加上一個好的配套，必定能打出輝煌的成果。即使是中小企業，同樣可以走上逆襲之路。

04
做品牌要懂得自立山頭

中國大陸電動車產業的發展史，就是濃縮版的工業化進程。我研究了美國三百年來的工業化歷程後發現，各行各業打到最後，就剩數一數二。

比如在美國，牙膏市場就剩下克瑞斯和高露潔，可樂市場就剩下百事可樂和可口可樂，汽車市場就剩下通用和福特。大部分同業同行，都淹沒在歷史的長河裡。

2022年，雅某光是一年就銷售大約一千五百萬輛電動車，整個產業約售出五千萬輛車，雅某占了產業裡的30%；愛某賣了約一千萬輛，占20%；台鈴賣了約八百萬輛，占15%左右。雅某、愛某、台鈴加起來占這個產業的65%，剩下的一百多個品牌只占35%。

大多數企業家對於商戰有多殘酷的理解還不深，其實戰爭是以犧牲做為代價的。

非洲有句諺語:「大象打架，螞蟻遭殃。」誰是螞蟻呢？任何小品牌都是。電動車產業的殘酷就是，2009年有一千兩百家公司，如今只剩下一百多家。活下來的企業連零頭都不夠，整數全部消失了。再過三年、五年，不知還剩幾家在廝殺。

台鈴汽車有約八百萬輛的銷量，壓力來自老大、老二。面對越來越血腥的戰場，台鈴的山頭在哪裡？

他們透過大量的市場走訪，漸漸勾勒出台鈴的發展方向。自2006年台鈴專攻長續航電動車開始，至今已經十多年了，取得了輝煌戰果，從年銷一百多萬輛，迅速成長到年銷約八百萬輛。

台鈴的訴求是跑得更遠的電動車，這引起了雅某的重視，它推出了冠×系列，主打續航。這意味著，雅某也認同台鈴主攻長續航電動車這條賽道。

台鈴是中國電動車市場上第一個提出「跑得遠」的訴求，主打長續航，面對對手出擊，他如何應戰？

台鈴的戰略是，既然老大來了，那就迎戰，主要有以下幾個原因：

1 在長續航這個賽道，台鈴早在2006年就布局了，有十多年的先發優勢；

2 跑得遠是台鈴第一個提出的賣點，台鈴對消費者來說，就代表長續航電動車；

3 台鈴是長續航世界紀錄保持者，一次充電就能跑656.8公里；

4 台鈴獨創電池、電機、電控三電一體長續航體系。

實際上該如何表達呢？台鈴的戰略是「集中資源聚焦在細分賽道上」，這樣就能戰贏對手。

新戰略呼之欲出。台鈴自行將「長續航」升級為一個細分品類，就是十多年來專注的賽道，並且加強力道告訴消費者「台鈴長續航電動車，跑得更遠」。

台鈴另闢山頭，直接開創一個新品類，在這個山頭做老大，這個山頭叫作長續航電動車，毅然放棄普通電動車，建立起跑得更遠的優勢，解決消費者的里程焦慮。這就是台鈴的戰略。在長續航電動車這個賽道，台鈴一馬當先，跑得更遠。

第8章

讓客戶
高興買單

強大，
就是能與任何不如意相處

01 做廣告，得讓消費者有感覺

重慶有個百年老字號叫張鴨子，每年在重慶市區砸1000萬元人民幣打廣告：「一年賣出百萬隻，三代祖傳更好吃。」張鴨子是做滷味的，它用三斤大小的整隻鴨子來做，烤完之後，三斤變一斤，最後到成品就變成七八兩。

張鴨子的廣告詞寫得也不錯，「一年賣出百萬隻」表示賣得很多。「三代祖傳更好吃」說明它是一個老字號，這裡帶有信任基礎的概念。但問題來了，連續兩年的廣告預算這麼高，但是宣傳效果沒有達到預期，問題出在哪裡呢？

我們去重慶市場調查一圈，發現了問題：「一年賣出百萬隻」給人的感覺是賣得滿多的，可是消費者的反應是：「我怎麼沒有看到排隊。」張鴨子在重慶當地的門市不少，可是分攤下去，每間門市賣百萬隻也看不到排隊人潮。

對於「三代祖傳更好吃」，消費者的反應是什麼呢？消費者對「三代祖傳」能理解，但對「更好吃」沒感覺，這個觀念太寬了。做廣告不要有「更好吃、更好聞、更香、更健康、更美味」這樣的表達，如同微風吹過來，消費者沒有深刻的感受。

怎麼辦呢？我們重新梳理了戰略。

張鴨子的製作流程是把一隻三斤左右的鴨子用三十六味滷料浸泡一天一夜，之後再吊起來烘烤。三斤烤出一斤，你覺得鴨子是柔軟還是有點乾呢？肯定是有點乾的。針對這樣的製作工藝，我們做了市場調查，發現市場上還真沒有別家這樣做鴨子的，我們就知道機會來了。

首先我們為這種製作工藝烤出來的鴨子取了名字，叫滷烤鴨。一個好的品牌故事，得包括品牌、品類、定位、信任基礎或者品牌利益點，是必要條件。

對於這個案例，品牌叫張鴨子，品類叫滷烤鴨，這是張鴨子的定位，也是一個全新類別，但考慮到消費者可能不理解滷烤鴨是什麼，我們需要給個解釋，因此提出了「乾香」，消費者能感知這個利益點。總結一下就是：張鴨子滷烤鴨，先滷後烤乾又香。

戰略定位確立後，企業持續宣傳，很快地銷量就成長了10%以上。其實，當初提交這個報告的時候，企業高層是有些擔心的。一是擔心滷烤鴨這個品類太窄了，受眾群體太小；二是有高階主管提出，本來就有消費者抱怨我們的鴨子烤得乾，如果我們自己還說乾，怕中老年人更不會買。

這種擔心存在嗎？我們做了市場調查，走訪時剛好看見一位60歲左右的女士在買張鴨子，我立即走上前問：「您買的張鴨子我來付，請教兩個小問題。」

她說：「好，你問吧。」

第一個問題：「您經常買他們的滷烤鴨？」

她說：「是啊，經常買。」

第二個問題就是：「嚼得動嗎？」

她說了三個字：「慢慢嚼。」

你看，品牌一旦進入心智，會影射出很多東西。就像百事可樂，是年輕人喝的可樂，中老年人喝不喝？一樣喝。

很多中老年人認為自己的生理年齡會老，但心理年齡可以很年輕。

品牌一旦進入心智就會有光環，也會有溢出效應。

02
企業家也是表演家

老鄉雞是我們十多年前的客戶，是個很值得按讚的中國大陸品牌。我看好老鄉雞，現在它已經擴展到千家門市了。有一件事它做得格外漂亮。

2020年疫情，老鄉雞業績不如以往。它的員工寫了封信給老闆，大意是：「老闆，公司都虧損了，要不我們的薪水打折，或者我們不要薪水了。」

結果老鄉雞的董事長搞了一齣「手撕員工信」，他說：「哪怕是賣房子，也要確保你們有飯吃、有班上。」

果然，「老鄉雞董事長手撕員工信」這件事被傳了出去，獲得大眾讚聲。有粉絲覺得，真是有良知的商家、挺員工的好老闆。

2020年，老鄉雞花200元人民幣在農村辦了一個企業年度戰略發表會，整個會場非常簡陋，就幾張破舊的板凳桌子，董事長自己在主席臺上做報告，下面聽眾明明寥寥無幾，董事長卻在發表會上提及多項企業利多並且刻意傳播出去，令消費者印象大好，效果絕佳。這就是「小事件，大傳播」，但很多企業都搞反了，變成「大事件，小傳播」。

什麼是「小事件，大傳播」？發表會只花了200元，但透過傳播讓你看到卻可能需要一筆不小的費用投入；手撕員工信也是如此，老鄉雞董事長對著鏡頭拍一個動作，幾乎無成本，要你看見卻是一筆花費，小和大是比較而來的。

那麼「大事件，小傳播」呢？很多企業開年會，花大錢請了很多人來，甚至花了幾百萬請明星來，在五星級酒店把年會開得很盛大，卻不花錢做宣傳，結果市場上幾乎沒有人知道。

我在前面章節提過，傳播內容不要太正式。因為重的東西傳播不出去，只有輕的東西才能飄得遠。

老鄉雞在傳播上深得要領。他的官方微博就不太正式，「咯咯咯咯噠……」這樣一聲雞叫就結束了，結果收到六千多個讚。

老鄉雞還有一則微博說：「老鄉雞跟周黑鴨談戀愛，被董事長當場擒獲。老鄉雞說，瞧你幹的好事，都上熱搜了，村裡的其他雞怎麼看我們？村裡的其他鴨怎麼看我們？村裡的其他動物怎麼看我們？」讀者看完以後是不是覺得挺輕鬆的？因為這個貼文，你會不會注意到老鄉雞？

其實，粉絲就是喜歡不那麼嚴肅，就是喜歡輕鬆一點。所以說，對外傳播要歡快一點，要輕鬆一點，要「浪」一點。

事實打不過是非，是非打不過恩怨。講道理沒人願意聽，講故事卻能贏得人心。

一本正經做產品，但是很不正經地做傳播，效果竟出乎預期。從這點來看，老鄉雞董事長的傳播理念在企業家群體裡是領先的，值得大家學習借鑒。

03

愛的反義詞是遺忘

傳播的最終目的是讓消費者記住，而不是要表現你很有才華，千萬別搞錯了。愛的反義詞不是恨，而是遺忘。

2019年網路票選最受爭議的廣告你知道是哪一條嗎？Boss直聘的「找工作，我要跟老闆談」。2020年網路票選最受爭議的廣告是哪個？鉑爵旅拍（中國大陸婚紗攝影公司）的「想去哪拍就去哪拍」。

這兩個廣告最終都進入了消費者心智。消費者很有意思，他一邊吐槽你的廣告，另一邊又下載Boss直聘、鉑爵旅拍，成為用戶，他們打電話說我想應徵，我想去羅馬拍、去海南拍。

最終，Boss直聘超越同行成為第一；婚紗攝影市場整體下滑，但鉑爵旅拍一枝獨秀往上漲。消費者的言語和行動是兩回事，言語上他可能不喜歡你，行動上卻可能會挺你，你是要他喜歡你，還是要他買你的單？

廣告成功的祕訣在於，要給消費者一個買你而不買對手的理由。

Boss直聘給的理由就是「可以跟老闆談」。這個概念很好，Boss直聘在網路的下載量領先其他同業。鉑爵旅拍則是主打，消費者想去哪拍都可以，可以隨時到任何地方去拍。

成功的前提是一定要給消費者一個買你的理由，而且定位一定要清晰。購買理由清晰後，接下來就好辦了。傳播有個重要的基本原則：**簡單重複。**不要擔心消費者因此不喜歡你。

為什麼以前不這樣講呢？因為當今社會最大的問題是資訊爆炸，消費者要記住你太難了。怎麼辦呢？「重複講」才有效。很多企業家說：「那消費者要是不喜歡我怎麼辦？」不喜歡不可怕，遺忘才可怕，只要定位清晰，消費者就會買單，要是記不住你，無法進入他的心智，那就連買的機會都沒有。

各位讀者，我們前面只有兩條路，要嘛喜歡，要嘛不喜歡，但一定不能是遺忘。對你來說，你做不到讓你的潛在顧客愛你，那就讓他忘不了你，只是你要給他一個買你的理由。

第四篇

04

定位
聊職場

捷徑是最長的彎路
而艱難則是
披著荊棘的康莊大道

第9章

吃飯是需要技巧的

只有強者才會示弱，而弱者只會逞強

01
63元請上億存款大戶吃飯

我剛在渣打中國北方區上任，就遇到一件棘手的事情。一位擁有上億存款的大客戶，在我們銀行的存款卻少得可憐。我只用了一招，就讓這個客人就變成了我的客戶。

那天，我同事跟我說：「Peter，介紹你一位重要客戶，我們都叫他蔡兄。他戶頭的現金破億，在我們兩個同行那裡都有大量存款，但在我們銀行存款卻很少。最近，蔡兄在我們銀行的存款要到期了，已經通知他儘快過來辦續存手續，也希望他能多放點存款在我們這，但以往做了很多努力，都不成功。」

我說：「怎麼不成功？說點細節。」

他說：「蔡兄每次到北京來，我們的兩個競爭對手都會去接機，他們還會請蔡兄吃飯、送禮物，而且都是自掏腰包，跟蔡兄的關係非常好。我們也想和人家走近點，可是既接不了機，又請不了飯。所以，蔡兄在我們銀行的存款就一點點，這麼多年都沒變。一個星期後，他的存款就到期了，希望你幫我們想想突破的方法。」

目前聽起來，這是個死局，似乎一點機會都沒有，但別忘了，**成功是一場有預謀的精心策劃。**如果沒有預謀，你是很難打贏競爭對手的。我用了幾個方法，後來逆轉了這個死局。

第一步，先弄清楚蔡兄是哪一類人。

人大致分為三種類型：聽覺型、視覺型、動覺型。聽覺型的人占15%左右，視覺型的人占35%左右，動覺型的人占50%左右。

聽覺型的人思維嚴謹，邏輯性比較強，臉上表情通常不豐富。他們不輕易下決定，可是一旦決定就不易反悔，喜歡依靠聽覺做判斷。那麼，如何與聽覺型的人往來呢？

1 見到聽覺型的人，不用秀畫面，聲音才是重點。比如你告訴客戶：「只要買了我們的產品，就可以參加青春魅力三亞遊的活動。」然後把驚濤拍岸的撞擊聲、海鷗的鳴叫聲、海灘上人們享樂的歡笑聲等放給他聽，就很容易打動他。

2 和聽覺型的人聊天，背景音樂一定要輕柔一點，因為他不喜歡嘈雜，環境一吵鬧，他就覺得不舒服。

3 聽覺型的人喜歡有邏輯的表達，最好的方法就是你說話時採用1、2、3來條列說明。

視覺型的人有什麼特點呢？視覺型的人經常講的話是：「哎！你這個東西看起來很不錯！」當你跟視覺型的人講話時，他腦子裡自然就有畫面，同樣和他說三亞旅遊，最好就是直接播影片讓他看！

動覺型的人在意什麼呢？動覺型的人講得最多的一句話是：「嗯，感覺不錯！」他是基於整體感覺做判斷的，無論聽到或看到都會觸發他的情緒。

向同事分析完之後，我問他判斷蔡兄是哪類人。同事想了想，認為他可能屬於動覺型。動覺型的人既要滿足視覺、聽覺，還要有感覺。

第二步，針對蔡兄的動覺類型，我們就著手準備。

1 蔡兄來的當天，門口保全人員無論男女，一定要穿著整齊、精神抖擻、微笑得體，最好外型是出眾的。

2 把我們銀行的背景音樂換成輕音樂。

3 所有的指示牌要清晰，一目了然。

4 把蔡兄的照片給所有員工看，只要他一走進來，見到他的員工都要打招呼說：「蔡先生好。」必須是標準口型，嘴角上揚。

5 蔡兄平時抽駱駝牌的香煙，我們提前準備好。

最後，我告訴同事，約蔡兄上午十一點鐘到銀行，不要太早，否則沒法找時機和他吃飯。

一個星期後，蔡兄來了！當他走進銀行門口的時候，保全人員很有精神，每個人都和他打招呼。背景音樂輕柔，指示牌清晰，走進會議室裡，有他喜歡的茶，也有駱駝牌香煙。

見面之後，營業部主任向他介紹我：「這是我們華北區主管Peter顧。」我熱情地打招呼說：「蔡先生好！今天非常榮幸見到您。久仰大名，第一次見到您本人，真是太激動了！」

一個小時後，要辦的業務都辦好了。按照以往流程，蔡兄簽完字以後馬上就要走，他很忙，想請他吃飯的人也多。

我要做的事就是打破常規、與眾不同，輪到我說話了：「蔡兄，你看時間已經到中午了，要不您請我們大家吃個飯？」

蔡兄一聽愣住了，旋即被我給氣笑了，說：「來來來，你是銀行裡第一個說要我請吃飯的，很有意思！給我個理由，為什麼我要請你們吃飯？」

我說：「蔡兄，您看我們銀行有個最大的特點，就是不會說好聽話。每次您到北京來，我們都不知道去接您，招待不周，我們把所有心思都放在您的財富保值、增值上，我們真的不知道如何討人喜歡。」

接著，我又說：「蔡兄，您把錢放在我們銀行，這就是對我們最大的信任。我們同事天天關心您的財富投資標的變化，您來銀行最關心的應該是資產是否增加，讓重要客戶的資產穩定成長就是我們永遠的追求，也是我們對您最大的付出。」

蔡兄一聽，就說：「Peter，你是第一個這麼跟我說話的，你說得對。」

我說：「蔡兄，我們渣打的人非常看重客戶的託付，我們最大的心願就是對您託付的資產盡責。」

蔡兄顯然被我打動了，說：「好吧，今天中午我請你們吃飯，要吃什麼？」

我立刻說：「蔡兄，第一，您請我們行員吃飯，可能會溫暖他們好幾年；第二，吃什麼我們不懂，您見多識廣，託蔡兄的福，讓我們長長見識。」

蔡兄一聽，興致也來了，說：「我知道這附近有一家不錯，那你們跟著我。」

就這樣，我們沒有花錢請蔡兄吃飯，反而是他請我們吃了大餐。

我創辦渣打銀行北京燕莎分行的第一件事情，就是把每個月2000多元的行銷費取消了。我對業務說，不要把心思花在請客吃飯上，應該思考怎麼讓你的顧客利益最大化，把心思花在保值、增值上。

當我把這個理念說給蔡兄聽的時候，蔡兄非常認同。

他說：「Peter，如果我公司的業務能像你這樣，業績必能提升。」

我說：「蔡兄，很感謝您的認同。我看出來了，其實您也挺喜歡我的。」

就這樣，我們成了好朋友。

所以，要想打贏你的競爭對手，**最有效的方法就是要與眾不同，他們請客戶吃飯，你就不要請，他們去接客戶，你就不要接。**因為如果拚請客，我們拚不贏競爭對手，他們比我們有實力得多，你能抓得住客戶的需求，才能在他們的心裡留下印象。

一個品牌、一個人如何進入客戶的心智呢？最佳方法就是別人往左，你偏偏往右。我用這一招搞定了蔡兄，從此我的品牌進入了他的心智裡。

自從這件事之後，蔡兄成了我的好朋友，經常跟我聯繫，他覺得我這個人和別人不一樣。有一次，蔡兄到上海來，之前在北京他請我吃了飯，這次我應該回請他，我請他吃什麼呢？我是領人薪水的上班族，再怎麼努力花錢請他吃大餐，他都會覺得不過如此嘛。

於是，我去接他時就說：「蔡兄，歡迎來上海！上海有個地方特別有名，這個地方最大的特點就是永遠在排隊，為了請您吃這頓飯，餐廳一開門，我的同事就去等了，十點開門，要等到十二點才能吃到飯。」

蔡兄一聽就好奇地問：「是什麼熱門的地方？」

我說：「我們去之後，您就知道了。不過這個地方有個特點，就是人太多，所以環境有點嘈雜和人擠人，不知道蔡兄介意嗎？」

蔡兄說：「沒關係，人多代表生意好嘛！」

其實，人多是因為便宜。在這個港式茶餐廳裡，人多且桌子小，我們倆面對面坐，這餐63元人民幣就搞定，可是我不能對蔡兄說便宜。很多人賣東西時會說「買我吧，我實惠，我便宜」，這個說法不聰明。我們可以賣得便宜，但不要訴求便宜，那會顯得廉價。

有一個最基本的定位小知識，**賣得便宜的，常常可能賣得多，但千萬別說便宜，只說賣得多**。

「如何表達」很重要，它直接影響客戶的體驗。如果你說它很便宜，別人就覺得不好吃。可是如果我說，因為它賣得很好，很多人排隊，我早上十點鐘就來排隊了，十二點才吃得到，那他吃的感受就不一樣。

後來，我問蔡兄這家茶餐廳好不好吃，蔡兄說非常好。其實，不是那個餐廳很好吃，是還沒有到餐廳以前，我就讓他覺得好吃──再次強調，不是風在動，是心在動。

這就是定位。**定位就是要讓別人覺得你好，在消費者購買你的產品以前，先賣一個概念，賣一個感覺，賣一個認知，他就會覺得：「嗯，那東西肯定錯不了！」**

02

化解新同事的鴻門宴

我從渣打銀行總部調往北京時，最大的挑戰就是北京同事會怎麼看待我這個南方人。上班第一個月，挑戰就來了。

有一天，十幾個同事要請我喝酒，說歡迎我從上海來到北京，當天還有一位同事過生日。看著他們的眼神，我感覺是要給我個下馬威。這哪裡是吃飯呢，分明是鴻門宴。後來，我用一招就化解了。

大家到了餐廳，剛入座就有個帥氣的年輕人說話了，這哥們後來和我成了好朋友，性格也非常直爽。那天晚上，他說：「Peter，今天晚上喝什麼酒？」

我一看，這個人八成不好對付，而且看起來是帶頭的大哥，如果當下沒有反擊，這十幾個人就會把我給吃了。我馬上說：「都到北京來了，總不能喝啤酒吧？來來來，上白酒。」他愣住了，因為沒想到來自上海的南方人會主動求戰，他只能往下說：「喝什麼白酒？」我說：

「就喝北京二鍋頭，先給我來一箱！」

這哥們一下子被嚇到了，說：「等會兒，來多少？我們喝酒沒有成箱上過，也不知道多少瓶。」

我說：「那就先來四十瓶，每人兩瓶二兩的。」

這哥們趕緊解釋：「Peter，不是每個人都能喝的，有些人不喝。」

我說：「我知道，平均嘛，每個人兩瓶，先來四十瓶，旁邊再放二十瓶，今天晚上也不要多喝，大家克制一下。」

這就是我的策略：酒還沒喝，氣勢上先嚇倒對手！最後他只能說：「上海來的真能喝啊，還來四十瓶！」然後就跟服務生說來四十瓶二鍋頭。

涼菜上來後，我就開場了，我說：「非常感謝大家，以後工作要靠大家多捧場，我先乾為敬，能喝白酒的今天跟我一起喝，不能喝白酒的不勉強啊，我們今天晚上只有兩種飲料，一是白酒，二是水。」

我沒等他們同意，一仰脖子，就把一瓶二兩酒喝完了，我這麼一喝，那十幾個人面面相覷。

帶頭的大哥緊接著喝完了，接下來，敢跟的連五個人都不到。沒有人敢這麼喝，因為什麼菜也沒吃，一上來就是整瓶二兩高度數的酒，太兇險了。

第一道熱菜上來，我又舉起酒杯說：「今天正好是某某過生日，我們大家為他祝福，生日快樂！」這瓶二兩的酒，我又一口乾了。

之前還有五個人跟我喝，這下子又有兩個人怕了，直說：「哎喲，

Peter，你喝得這麼急，我可喝不下去。」我説：「這樣啊，那從現在開始你自己慢慢喝，也不用敬酒了，喝多少算多少。」

第三杯開始可以自由敬酒了，所有不喝酒的人敬我酒，我都喝水。有人抗議：「Peter，你不是喝酒的嗎？怎麼喝水了？」我説：「對呀，你敬我的不是水嗎，你敬水我就喝水，不過分吧！」他們一想，好像也有道理，那我就開始大量喝水。

這時候帶頭大哥又説話了：「Peter，歡迎你來啊，我敬你一杯，總部派你來支援我們，我們就有希望了。」他立刻喝了一瓶，我也喝了一瓶。周圍的人都看傻了，誰也不敢跟著喝了。因為沒有這麼喝的，才上兩個熱菜就喝了六兩。

當我拿起第四瓶時，心裡知道已經到了我的極限。但我必須拿起酒瓶，對帶頭大哥説：「來，我們今天不醉不歸，再喝一瓶！」結果這哥們被我嚇到了，他覺得我喝酒跟喝水似的，其實我喝得難受，但表現得很豪邁。

他馬上説：「Peter，咱不這麼喝，喝得太快了，我不擅長喝快酒。」

我説：「那行，那今天就喝到這裡，以後慢慢喝吧！」其實我也喝不動了。

當你以一對多，面臨更多挑戰時，就得先發制人，千萬不要被動挨打。如果那天晚上不主動出擊，想必我會被眾人灌醉。靠著先發制人，我正面應對帶頭大哥，在你的商場競爭中，也需要找到主要競爭對手，正面迎戰。

再次強調，**在定位的世界裡，事實不重要，認知很重要。**在酒局上，我營造了一個認知，讓帶頭大哥以為我很能喝酒，其實我就這麼點酒量，但我喝出了氣勢。在那之後，工作很快在北京同事的支持下有條不紊地開展起來。

03
喝酒能快速破冰

人生一定要喝酒，很多人說我不會喝酒，喝酒怎麼不會呢？舉起杯，張開嘴，倒下去，多簡單！如果沒有特別的原因，說不會喝酒，其實是態度問題。對成年人來說，喝酒沒有什麼會不會的問題，就是立場問題，立場決定態度。

為什麼我講一定要喝酒，不能只喝茶。喝茶是越喝越冷靜的，喝茶會讓人安靜下來。人跟人打交道，一定要喝一頓酒，把雙方的血都喝熱了，如果兩個人永遠都那麼冷靜地聊天，是聊不嗨的，不會產生相見恨晚的感覺。

沒有什麼比吃一頓好的、喝一頓酒能更快打破人跟人之間的隔閡。你說你永遠不喝酒，吃個飯也喝茶，越喝越冷靜，結果兩個人從晚上六點喝到八點，怎麼都不嗨！

我知道我這麼說，會有人說喝茶一樣可以做生意。我同意，只是喝酒會讓彼此更快熟悉，是讓關係破冰的捷徑之一。

如果你在酒桌上說「我從來不喝酒」，那意思是說「我不想跟你快速熟絡」。你會發現有些人是本能地說「我不喝酒的」。除非你一喝酒就倒，或者礙於特殊原因，否則喝酒無非就是喝多喝少的問題，而且不是叫你喝酒就一定要喝掛，很多人的理解是錯的。當然有少數地方，一端酒杯就想要把你喝倒，這就另當別論了。

當我們在外面談合作、談生意，人家跟你說喝杯酒，你連酒杯都不端的話，你覺得他會爽嗎？他不爽了，再往下面談，越談越不爽。這種情況下，無論如何你也要舉個杯，喝多喝少是能力問題，但喝不喝是態度問題，是立場問題。你一上來就說不喝，相當於把溝通的大門給關上了。

我以前也不喝酒，但我發現喝酒是最容易打開心智的。兩個人素昧平生，要相互熟絡起來得多難 ，那怎麼辦呢？吃頓好的、喝頓酒，兩個人都喝嗨了，然後就有了相見恨晚的感覺，見一面就好像認識了一輩子，迅速拉近了兩人之間的關係。我個人認為，喝酒是能讓關係破冰的。

第10章

讓老闆成為你的貴人

智商是你的下限，情商是你的上限

01
老闆欣賞你的不是才華

老闆最喜歡的不是才華，而是忠誠。忠誠比什麼都可貴，但很多人沒有認知到這一點。

我上班的第一個月，老闆帶我去喝酒，他本來要帶科長去的。我知道，表現自己的機會來了，得把握這個飯局。這個飯局的應酬對象有點特殊，對方公司欠我們銀行110萬元人民幣的利息一直不還，但我們既不能起訴他們，還得搞好關係，因為那家企業很大。那該怎麼辦呢？

於是，我們的大老闆請對方的董事長吃飯，但我不會喝酒啊，但那天晚上我一戰成名，第一把110萬元利息收回來了，第二我的老闆從此對我很有印象，覺得小顧這個人值得培養。

和對方董事長喝酒的過程中，我把董事長捧得比天高，董事長有點得意了、心情大好。我老闆趁勢就說：「董事長啊，這個利息嘛，你還是要還。」

董事長説：「小顧啊，你喝一杯酒吧，你喝一杯酒。我明天就叫財會先還你們10萬元。」

話都説到這樣了，我只能往前衝。我説：「謝謝董事長，一杯酒10萬元。」他本來的意思是「你喝一杯酒，我先還你10萬元」。但我順著他這句話找到機會，請服務生過來，然後説：「幫我準備十一個杯子。」杯子上桌後，那位董事長看著我説：「你這是幹嘛？」

我直接把十一個杯子全倒滿，然後把小杯子裡的酒全倒入大壺裡。我説：「董事長，謝謝您給機會，這110萬元利息收回來以後，在銀行裡，我就能混得下去了，謝謝董事長給飯吃。」

我趁他還沒反應過來，把一大壺酒喝乾了，酒一下肚，我就倒了，當場喝掛。在眾目睽睽之下，董事長不好意思再欺負一個20多歲的年輕人，然後第二天，我們就收到了那筆積欠已久的利息。

第二天，我的大老闆找我科長過去，問小顧怎麼樣了。科長説：「沒事的，年輕人怕什麼，熬一下就過去了。」其實我是有事的，但我被大老闆記住了。

我發現，現在的應酬場合上，很多年輕人不喝酒，他們會説：「老闆，我不會喝酒，一喝就吐。」這句話的潛台詞就是：「老闆，你一個人往前衝吧，跟我沒關係。我就是不會喝酒。大不了此處不留爺，自有留爺處。」

其實，我也不會喝酒，但我知道聊天的重要性，抓緊重要機會，用聊天讓他人留下深刻印象。不懂人性、不通心智的人很容易換工作、不斷換工作，這輩子的命運就四個字：懷才不遇。

身處一個企業裡、一個組織裡，上司欣賞下屬最大的能力是什麼？不是才華，因為這個世界上才華洋溢的人非常非常多，但有多少人會有大成就？

你要獲得成功，一定要無我，否則老闆不會提拔你，他不提拔你，你怎麼會有機會呢？千里馬常有，而伯樂不常有。

02
先認錯，不解釋

我剛進渣打銀行時，有一次，我的香港老闆來北京開會，我遲到了，我本來提早二十分鐘出門，但還是遲到五分鐘。因為一號線地鐵突然停駛十分鐘。

我走進會議室一看，所有坐一號線地鐵的人全部沒到。如果你遲到是因為某個交通事故，你會怎麼說？

我走進去的時候，老闆很生氣，「Peter，你不知道九點開會嗎？」

我回答老闆的第一句話是：「對不起，老闆，我錯了。」第二句話是：「絕沒有下次了。」

遇到類似這樣的事情，大家一定要記住，一是先認錯，二是千萬別解釋。為什麼呢？多數人遇事就喜歡解釋，嘴上不認錯，但想要受到老闆的青睞，你得要與眾不同。

這樣說完後，老闆雖然很不高興，但也不再罵我了，因為我已經認錯，而且我也表態了，老闆就覺得我態度還是滿好的，也沒什麼可罵的了。

一會兒，第二個同事進來，老闆照樣把他罵了一頓，同事馬上說：「老闆，一號線地鐵停駛了。」第三個人進來後，又把一號線地鐵停駛說了一遍。

等到第四個同事進來，我老闆意味深長地看了我一眼，似乎他隱隱覺得我可能也是坐那條地鐵而遲到的，但我沒有解釋，而且還認了錯。大家都因為地鐵而遲到被罵，卻只有我得到了老闆的好印象。

很多90後開會時，老闆講話，他看手機、看電腦。我的老闆講話時，我習慣拿個小筆記本，看著老闆，專心聽他要說什麼，無論臉上表情或心裡都充分表現誠心，如此馬上顯現出我和其他同事的不同，想想看，如果你是老闆，會不喜歡我這樣的員工嗎？

大多數企業在年底時，老闆都會分配明年任務，我在這方面也很有體會。怎麼跟老闆談KPI？如何得到老闆支持？怎樣完成明年任務？我發現我的同事好像都沒弄清楚這些問題。

有一年，老闆分配隔年新任務，她對我說：「明年你們華北區的利潤要翻一倍，有沒有問題？」老闆給任務時，下屬一般都會討價還價，我的同事也是如此，但我跟老闆說的第一句話是：「謝謝老闆給機會，保證完成任務。」我的老闆一聽，馬上追了一句：「你有什麼要求嗎？」我說：「沒有要求。」我老闆看我不提要求，就說：「Peter，你有什麼困難隨時找我。」我說：「謝謝老闆，我先回去安排一下。」

我經常跟我兒子說：「足夠愚蠢，才能夠幹掉足夠聰明。」

我兒子研究所畢業後，曾在紐約一家上市公司上班，公司有兩百多人，那裡是個以白人為主的世界，很多員工都是名校畢業，而名校畢業的人有個最大的問題，就是自我感覺良好。所以，打贏競爭最好的辦法就是足夠愚蠢，大智若愚的人才是最聰明的。其實做好兩點就可以了：

第一，主動認錯。團隊裡或公司出了問題，只要跟你的團隊有關係，就主動承擔責任。吞得下委屈，受得了冤枉，就有機會成為人上人被看見、被提拔。

第二，無須多做解釋。就算老闆罵錯也無所謂，因為只要老闆認為你錯，那再怎麼解釋也不見得有用，很多人不理解「不解釋是成本最小的付出」。想出類拔萃、想贏得老闆的選擇，你一定要跟大多數人做的事不一樣，反向操作，否則那個機會為什麼會是你的？因為從競爭的角度出發，可取代你的人太多了，與才華沒太大關係，與你的認知有關。

在職場上，智商是你的下限，情商是你的上限，**一個不通心智的人是很難登峰造極的。**我們永遠不是拚才華，而是拚人性、拚心智。老闆說你沒才，你縱然一世才華，也依然沒才。

一個才華橫溢的人如果情商不夠，這輩子很容易到處碰壁；智商平平但靠情商來補的人，這輩子就有更多機會獲得貴人相助。

我跟我兒子說：「把你的智商歸零，在職場上掌握人性，以老闆看的角度為導向走，這樣你就能打贏所有的競爭者。記住，用對方喜歡的方式來表達你對他的好才是他要的，千萬不要從本我出發，從本我出發的人難有好未來。」

03
老闆比平台更重要

選擇，是一個很有趣的話題。比如，你現在面臨兩個選擇：一個是蓬勃向上的賽道，在這個賽道裡，你沒有任何人脈資源，沒人提拔你，要靠自己奮鬥，但可以享受整個賽道高速成長的紅利；另一個是平穩發展的賽道，行業增長幅度比較平緩，但你在這個賽道裡有個好處──正巧有個老闆很喜歡你，他可能願意提拔你。

以上這兩個賽道，你會怎麼選呢？

當然，若是前景走下坡的產業，我就不建議你去了，若是一般情況，我個人傾向於選擇有老闆賞識你的賽道，只要這個賽道未來還有發展性就行。因為選擇老闆比選擇高速成長的賽道意義更大，因為賽道太大了，除非你完全無可取代，否則只靠自己奮鬥想獲得成功，太難了！

比如你選擇新能源、AI等熱門產業，它們的確在未來趨勢是上升的，可是如果沒有老闆欣賞你，或是得不到提拔的機會，日後成長空間仍屬有限。

相反地，如果選擇平穩的賽道，但有老闆提拔你、給機會，你可能就會迅速成為這個平穩賽道的佼佼者，當然風險也相對地更大一點。

以我自己來説，我在渣打銀行工作的時候，那時運氣很好，靠著勤勞奮鬥，靠著自己的銷售經驗，逐漸得到老闆的欣賞，那段期間在渣打銀行成長得不錯。

各位讀者，有個賞識你的老闆比可以施展才能的空間重要得多，有人欣賞你才是人生逆風飛揚的最佳路徑。

第五篇

05

定位
聊家庭

我不是在最好的時間遇見你
但遇見你，
從此就是我最好的時光

第 // 章

老婆永遠是對的

你表演得完美無缺，我配合得天衣無縫

01
找對伴侶，餘生每一步都對

如果問我，女生要如何找到一個潛力股？男生怎麼樣才能找到賢內助？我會建議年輕人：男生最優秀的特質是胸懷和格局，女生最優秀的特質是穩定的情緒。

那要怎麼確定一個女生有穩定的情緒呢？可以做個小測試。

雙方談戀愛時，由男生安排一次旅行，然後告訴女友這次旅行的所有行程，每一站去哪裡、晚上住哪裡、行程怎麼走，全都安排好。

當你們到達稍微偏僻一點的風景區，這時你告訴女友：「我搞錯了飯店！可能沒地方住了」，在此時看一下你女友的反應。

如果你的女友慌亂無神，或者情緒波動，接著開始抱怨，這就意味著她可能無法管理好自己的情緒；同時還意味著當你遇到問題的時候，她可能不會幫你解決問題，還會製造新問題、拋出各種情緒，當你已經面臨一大堆問題時，還要解決她給你的問題。

說到這一點，我就很佩服我太太。每當我快要崩潰時，我太太總告訴我：「老公不急，讓我來重新回顧整個過程，我來解決這個問題。」我太太最擅長的就是我給她一把爛牌，然後她打出王牌。

把我太太這種女人娶回家，就可以旺夫旺財旺三代。男人需要的是情緒穩定的另一半，她不僅能夠幫助你在工作上好好打拚，也影響你們共同育兒或面對家族裡的狀況，這非常重要。

有的女生說：「我不是這樣的女人，我就是毛毛躁躁的，那怎麼辦呢？」那妳從現在開始要學會管理好自己的情緒。相信我，只要妳願意，一定行的。女生當然可以性情豪邁，但該穩定的時候一定要靜得下來。其實，只要妳能意識到這點，妳就行。

反過來，女生又怎麼選擇男生呢？有個最簡單的方法，就是找一件簡單的事情讓他重複做，做一百遍、一千遍，看男生能否堅持下去，只要能做到的，潛力都是無限的。

比如減肥、控制體重，一個能夠把體重控制到極致的人，這輩子應該不會太差。又比如不遲到，夠簡單了吧，你能做到一個月不遲到，一年不遲到，十年不遲到，三十年不遲到嗎？再比如，每天打電話給自己的父母，你能連續二十年做到嗎？如果想測試妳男友，看他是不是潛力股，找一些極其容易的事測試他，看看他是否能堅持、能管理好自己，我個人認為，能做到的男人未來可期。

我們大多數人都是普通人，但有的人卻能顯出與眾不同，比方把自己的體重管理到極致、把自己的時間管理到極致、把自己的承諾管理到極致，如此就不普通了，你就是下一個獨角獸，你就一定會獲得成功。一個可以極度自律的男人，他會有幾種可能性：

第一，他是一個對你無限忠誠的人，因為忠誠，他可以把一件小事做到極致；

第二，他是一個有責任感的人，沒有責任感的人，做什麼事都很容易放棄；

第三，他是一個自律的人，這類人為了成功會想盡各種辦法，極具成功的潛質。

所有場景，不管是男選女還是女選男，成功都是可以設計的，人生也是可以設計的。

02
你表演得完美無缺，我配合得天衣無縫

在現今社會，離婚率節節攀升，維持婚姻關係似乎越來越不容易。我跟我太太沒有這部分的困擾，大家猜猜，原因是什麼呢？

我太太曾說：「不是你表演得完美無缺，就是我配合得天衣無縫。」

我說：「你怎麼知道的？」

她說：「你以為我不看你的影片嗎？」

年齡大了就會容顏衰老，但我日日年年還是看她不老，像青春十八歲的樣子。

答案不在容顏，答案在心智，要不然婚姻怎麼保鮮？

為什麼現代社會的出軌率這麼高呢？其實出軌是找個新人做舊事。

握手的那個是新人，這個好理解，什麼是做舊事？就是把和你配偶做過的舊事又做一遍。有人一旦在婚姻裡沒有新鮮感了，就想換新人，這個理念不對。婚姻不是想著和新人做舊事，應該反過來，和舊人做新事。有一次，我在南京開了定位落地實踐課，有一對珍珠婚的夫妻來上課，丈夫激動地對我說：「顧老師，我跟我太太三十年珍珠婚，這就是我和我太太做的一件新事，夫妻一起來學定位。」

我太太知道我總想讓她開心，我也知道她依戀我，我們都知道雙方在努力做得更好（一個表演，一個配合），我們很享受這個過程。

偉大的愛情都是小事，做好每件小事就會很愉悅。兩個人走在一起幾十年了，還願意演個戲，這件事本身就很厲害。

我常說，喜歡她並表揚她叫真實人生，不喜歡她也表揚她叫藝術人生。大家知道為什麼婆媳關係常有矛盾產生，有個很重要的原因就是不夠藝術。

大家要記住，兒子只要娶媳婦了，他就不是你兒子了，他是別人的老公；只要女兒嫁人了，她就不是你女兒了，她是別人的老婆。這就叫藝術人生，要不然日子怎麼能過得好呢？

人的一生就兩個角色，要嘛做演員，要嘛做觀眾，只不過時而做演員、時而做觀眾。當你做演員的時候，記住，人生如戲，全靠演技，你演技不高，怎麼會有票房，你還想要生意做得好？當你做觀眾的時候，你需要配合一下，該點頭的時候點頭，該鼓掌的時候鼓掌。

夫妻之間把日子過好的原因是什麼？就是你表演得完美無缺，我配合得天衣無縫，我認為這就叫夫妻。

03
任何一段關係都要經營

大家千萬不要覺得都老夫老妻了，凡事就不講究、缺少儀式感。婚姻是一定要經營的，沒有兩個人天生就是合拍的。

關於怎麼平衡工作與生活，個人很有體會，因為我一年三百六十五天裡有兩百多天出差。我覺得有兩點最重要：

第一點，我每天一定要跟太太通電話。比如我今天晚上九點二十分左右飛到深圳，預計一小時到旅館，起飛前我就告訴太太抵達深圳的時間，到旅館後再跟她視訊通話。我刻意打電話，就是要告訴她：「我一直在你身邊。」我也會在工作空檔，比如參觀工廠時，抽空找地方打個電話給我太太。

很多夫妻一開始本來很和諧，但日子沒過好，問題可能就出在這裡。夫妻之間一定要經常保持互動，比如視訊通話，讓雙方經常看到、聽到。

第二點更重要，多多創造在一起的機會。我經常出差，有時晚上要從深圳飛到昆明，然後從昆明再飛到北京，但如果是明天下午到昆明，那麼晚上我會從深圳飛回上海，哪怕晚上十一點到，我也要飛回去，就是為了見到太太，跟她擁抱一下。

大家都知道親怎麼寫吧，親的右邊是一個見，親是需要「見」的，所以我刻意在當天晚上飛到上海，親完了、見完了，第二天上午再飛到昆明。

很多年輕人不理解，說你這樣很辛苦啊！是有點辛苦，但大家知道嗎？旅途的辛苦、身體的辛苦，永遠抵不過精神上的愉悅，神清氣爽可以好好地彌補身體上的辛苦。

我太太說：「老公，你不要跑來跑去了，真的很辛苦。」

我說：「如果沒見到妳，所有的辛苦都會積攢下來。見到你，新的一天又開始了。」太太立刻說我是馬屁精，知道是在哄她開心。

但婚姻最重要的就是「你在乎我，你時刻把我放在心裡」，這種感覺是最安全的。

04
可以憤怒，但不要憤怒地表達

在我媽眼裡，我太太總是不好，我媽總說：「兒子，你怎麼選老婆的？」我跟母親說：「我對她很滿意啊！」因為在我眼裡，我太太沒有缺點，只有優點和特點。

年輕的時候，每次我媽到家裡來，就算我跟太太把家裡整理得再好，我媽都能找到不對的地方，其實她是對媳婦不滿意。

我太太在娘家是排行最小的孩子，嫁人以前，她從來沒做過飯、沒洗過碗，一直以來沒做過什麼家事。剛結婚那段時間，我們家裡從天花板到地板，每個空間都放了東西；她不會洗家裡的碗，要等我回來洗，我太太可以精準計算我到家的時間，她再來擺碗筷。其實，我知道我太太是向我撒嬌。

我太太有時候還會開玩笑說：「你不覺得家裡有點亂嗎？」

我說：「不，這怎麼能叫亂呢，這叫錯落有致。我從小就懂唐詩宋詞，在妳身上我永遠都能發現美。」

她說：「那你倒是說來聽聽。」

我說：「我一回來，妳就讓我看到了一道靚麗的風景線，這真是『橫看成嶺側成峰，遠近高低各不同』。」

我太太聽完哈哈大笑，說：「還可以這麼聊天啊！」

我說：「有妳在，世間便美好。」

這就是我講的，如何好好表達一個人的情緒是有智慧的。其實，年輕時的我挺生氣的，白天上班已經那麼累了，回來還要我洗碗。

但大家一定要記住我這句話：「**你可以憤怒，但不要憤怒地表達，因為憤怒會讓事情變得更糟糕**」。

直到現在，最美的事就是回家，因為太太把家收拾得越來越清新溫暖了。

05

男人要會哄，女人要撒嬌

男人想讓女人天天開心，只需一個字就夠了：哄。

男人要學會哄女人，哄的最高境界是什麼？就是別把女人說的話太當真，女人天生就是「不講道理的」。

如果有一天你碰到一個講道理的女人，那你更慘，因為她是不講道理的加強版，她總是以講道理的方式來跟你不講道理。我太太就是一個講道理的人，而且還擅長挖坑。

早上起來，我太太試穿衣服，會對著鏡子問我：「老公，我是不是胖了？」這是大家都會遇到的一個坑，多少青年才俊、智商很高的人，都栽在這上面，因為不會聊天。

所以，男人要搞定女人，最好的方法就是「哄」。

而女人想要搞定男人，就兩個字：撒嬌。

會撒嬌的女人是幸福的，那撒嬌的核心是什麼？就是說話要說得足夠溫暖，然後肢體上要有一定的動作，比如扭扭腰，這樣妳就很容易融化對方。

在定位的課堂上有同學說：「顧老師，我沒腰。」我笑了，扭腰的重點在扭，不在腰。放鬆是最好的狀態，最近的距離是內心的接受。

我每次見到金嗓子的江佩珍董事長就是如此，所以每次見面都感到特別親切，跟她沒有距離感。

人與人之間有距離感，不是因為年齡的問題，而是心態問題。江董事長很慈祥、有威嚴，大家對她很尊重、格外有禮貌，這讓她和大家拉近了距離。

也許是江董事長內心的溫暖融化了我的拘謹，我每次見到江董事長，都好想擁抱她一下，挽著她的手走一走，她總會是給我力量。

第12章

對上要孝，對下要慈

苦難不是財富，
戰勝苦難才是

01
最好的孝順不是給錢

人老了最怕什麼？大概是怕自己沒用。我只做了一件非常簡單的事，父母就開心地說我是全天下最好的兒子。

我常年在外出差，很少有時間陪伴父母，一般只有過年期間，或者父母有什麼急事時，我才會回到父母身邊，那怎麼解決這個問題呢？

我堅持每天打電話給父母，至今已經堅持了七千多個日子。一開始我會有意識地提醒自己打電話、打電話、打電話，後來成了習慣，如果不打電話給他們，一天中就好像缺少什麼似的。

很多人以為孝順就是給父母錢，不是的。什麼是對父母最好的孝順？是讓父母開開心心。

《論語》中子夏問孝，孔子說「色難」。色難是什麼意思？就是很難對父母做到和顏悅色，兒女很容易給父母臉色看。我非常認同這一點，所以我常常告誡自己不要給父母臉色看。

我父母都80多歲了，我每天打電話會先問候一句爸爸媽媽，告訴他們今天我在上海、北京或是某地，先告訴他們我在哪裡。然後我說：「你們吃飯了嗎？你們在幹嘛？」也是一些很平常的問候。你會發現父母太可愛了，這時他們就會滔滔不絕地說一些溫暖你、關心你的話，或者是生活中的家長裡短，你只需要聽就好。

他們會把對兒女的愛全部傾訴出來，哪怕今天你已經有孩子了，他們也會滔滔不絕地關心你。這就是我們可愛的父母，他們需要的是一個「傾聽對象」。

小時候，父母是我們的觀眾；長大了，父母老了，我們要做他們的聽眾。不能經常探望父母，我就天天給他們打電話，一是報平安，二是聽他們嘮叨。

雖然，有時候父母也會數落幾句，我的內心也會起漣漪，此時我會告訴自己：爸媽對誰都很客氣，我大概是他們唯一能數落的人。每每想到這裡，我就眼眶濕潤！

人老了，很多事都幹不了，就怕麻煩別人，怕別人覺得自己沒用，也怕給兒女添麻煩。每天打電話給父母，聽到他們的聲音，告訴他們：「爸爸，我很想你！媽媽，我很愛你！」然後給父母鼓勵，有機會見到他們時，抱抱爸爸媽媽，這就是最大的孝。

我就是因為做到了這件簡簡單單的事，結果我父親說我是世界上最好的兒子，母親說我是全天下最優秀的兒子。

對父母不需要做什麼驚天動地的大事，我只是做了一件非常簡單的事，就是打打電話、聊聊家常，做父母的聽眾。

簡單重複的事，一晃就過了二十多年。

02
苦難不是財富，戰勝苦難才是

有一位可愛的家長，他把自己的寶貝女兒拉上了綠皮車（廣泛流行於蘇聯、中國大陸等地的鐵路客車塗裝設計，因車廂主體呈綠色而得名），和她一起坐了十幾個小時，但不是坐在座位上，而是坐在綠皮車的地板上。

有記者問他：「你為什麼要讓你的女兒吃這麼多苦？」

他說：「我的目的是想讓她知道賺錢不容易，要好好珍惜今天的生活，我想讓她吃一點苦，讓我的孩子明白生活的艱辛。」

讓孩子經歷更多的苦難，你覺得這件事有意義嗎？

我個人認為這毫無意義，因為苦難本身不是財富，戰勝苦難才是！

讓女兒在綠皮車的地板上坐十幾個小時，的確很辛苦。只是回到家裡，又住進了自己的豪宅。這樣的吃苦對第一代很有意義，但對第二代沒有意義，你知道問題出在哪兒嗎？

這位家長是創業者，他當年真的是坐綠皮車，在大城市裡無處可去，只好住在大橋的橋墩下。當他從大橋下走出來，戰勝了苦難，最後住進大別墅，他就會想起當年坐綠皮車、睡橋墩下的這段經歷，會很有意義。

可是下一代完全不同，孩子坐完綠皮車後就直接住進別墅了，完全沒有一個奮鬥並且戰勝苦難的經歷，你叫他吃這個苦毫無意義，他只覺得你在說教。

要讓孩子學會的是戰勝困難、戰勝挑戰，這樣下一代才會有心靈的衝擊，才會有切身的體會，純粹學吃苦只會留下灰暗，並沒有戰勝苦難之後的喜悅和自信。

另外，苦也不是吃得越多越好，不是你讓他去吃苦，他就知道怎麼成長了。有人說這是挫折教育，但關鍵是這種挫折，你的孩子戰勝了嗎？如果沒有戰勝挫折，那麼只會讓你的孩子很受挫折。

我和我太太不會這樣刻意地讓孩子主動去吃苦。在成長的歲月裡，孩子當然會遇到困難，特別是我太太，她會全心地陪伴、會鼓勵孩子自己去面對，進而找出解決之道。有時候我會說話，有時候我不說話，在教育孩子方面，我們一同累積了很多有益的經驗。

讓孩子摔一跤、讓孩子遭遇挫折，然後激發他戰勝困難、自己去摸索能走出困境的道路，而不是父母代他越過困難，這是我和我太太共同的想法。如果孩子遇到任何問題，父母總是用一通電話或者一頓飯局就擺平，只會讓孩子更加依賴，甚至會讓下一代產生挫折感而非自信，這就適得其反了。

陪伴，特別是陪伴孩子並鼓勵他戰勝苦難，可能是最好的財富。

看待苦難和財富的理念不同，會催生不同的自己和下一代。

03
家庭關係，誰排在首位

在兩人世界中，認為父母排第一的，很多夫妻都會走不下去；認為兒女排第一的，你會發現，這輩子過得很缺乏自己。

婚姻的世界裡，什麼樣的關係排序或關係認知，才是最穩定和諧的家庭呢？就是夫妻關係永遠排在第一位。

夫妻彼此互為第一梯隊，排在家庭關係的首位，才會幸福美滿一生。夫妻關係第一，父母兒女第二，兄弟姐妹第三，不要排錯了位置。

因為女兒、兒子結婚後，就不是你的女兒、兒子了，是別人的老婆、別人的老公。對於父母也是一樣，你只要結了婚，你的太太／老公就是你「永遠的神」，對自己而言，她／他才是最重要的，這是理念問題。

有人認為父母最重要，還有很多家長為了自己的兒女，而疏忽關心另一半，這是最令人遺憾的。

在不久的將來，兒子將成為別人家的男人，女兒也會成為別人家的女人，這就是現實。大家不覺得結了婚的兒女和以前不一樣嗎？新家庭的誕生，意味著回不到從前了，這正好是一次進步和延續。

第六篇

06

定位聊個人

你是誰，
決定你人生的起點
你和誰在一起，
決定你人生的高度

第13章

不打通心智，將一事無成

三年學說話，一生練閉嘴

01
靠努力，並不會成功

單靠自己努力，在現今已經越來越難成功了！

我們總說自己很辛苦，也一直很努力，但比我們辛苦、比我們努力的人太多了。

辛苦不等於成功，成功是有方法的。

行銷大師屈特在四十多年前就有個著名的論述，即前面章節提過的「成果在外」。意指取得成功的因素在外部，一定要在外部找到機會才能走向成功，而不是在內部靠自己的努力和辛苦去取得成功。

但很多人不理解這句話，問：「照你這麼講，我也可以嗎？」

我問過屈特這個問題，他說：「可以！前提是你能抱上一條大腿。有人托起你，你就行。」我頓時就想到，有些人就是因為有人推，他們就成功了。

用簡單的話說明「成果在外」，就是：你還是你，你該怎麼學習，你還要怎麼學習；你該怎麼努力，還要怎麼努力；你該有什麼才華，就繼續有什麼才華，但是，這些無法決定你能否成功。你能不能成功，是要有人助你一臂之力的，你會發現許多偉大的人士都是因為在某年某月的某一天，遇見了另外一個人而改變了日後的人生。

但在現今這個飽和經濟時代裡不容易實現，因為競爭越來越激烈，財富向頭部集中，創業不容易，守業也不簡單，所以你一定要主動出擊，找到你人生中的那個重要的人。

成功不僅靠努力，更要靠選擇。

02
和誰在一起，決定你的人生高度

有一個人，他紅了一千多年，至今我們仍知道他，他叫汪倫。

千年以前，他給李白寫了一封信，他說：「先生，你到我這裡來玩吧，我這裡有十里桃花，還有萬家酒店。」

李白這個人很有意思，他除了寫詩，就愛吃喝玩樂，尤其酷愛喝酒。李白一聽那裡有十里桃花、萬家酒店，他就去了。

結果跑到那裡一看，哪有什麼十里桃花啊，只是有一個地方名叫十里桃花；哪有什麼萬家酒店啊，只是有一家酒店叫萬家。李白哈哈大笑。

好在寫信人擅於釀酒，他為李白釀了許多美酒，李白可以無限暢飲，玩得非常高興。一個星期以後，李白準備走了，寫信之人做了一件非常厲害的事情，讓李白感動得不得了。

他買了八匹駿馬，以現在的價格來說，每匹馬大概要30萬人民幣；

他又買了十匹錦緞，每匹錦緞在現今的價格至少也要1萬人民幣。

他把價值不斐的駿馬和錦緞一下子全送給了李白，李白收到這麼一份厚禮，自然是格外高興，於是就寫了一首詩：

李白乘舟將欲行，忽聞岸上踏歌聲。

桃花潭水深千尺，不及汪倫送我情。

無名之人汪倫從此千古留名！

一千多年過去了，直到今日，若我們從定位的視角來聊汪倫與李白的故事，的確有很多有意思的啟示：

1 **人要學會講故事**。汪倫顯然是個講故事的高手，十里桃花、萬家酒店光是想像就很美。汪倫在李白的心智中創建了一個足以打動他的認知，他給了李白一個遊玩的理由。

定位就是聊個天，給你一個買我的理由。汪倫是定位高手，開局不錯，大網紅李白真的來了。

2 **事實不重要，認知很重要**。事實是沒有十里桃花，也沒有萬家酒店，但在李白的認知中有就是有。農夫山泉有點甜，事實上甜或不甜不重要，消費者認為甜很重要。

很多人愛著自己的老婆／老公，卻沒有讓對方知道，沒有形成愛的認知，這也許就是婚姻出現問題的原因之一。然而，愛的認知比愛本身重要得多。

3 **愛就是用對方喜歡的方式，表達對他的好**。李白好酒，汪倫就投其所好。看似簡單，但我們卻不是經常做得到。

像我太太喜歡喝冷水，我偏偏喜歡喝熱水，每次幫我太太倒水，我總是給熱水，這讓她很沮喪，認為我不懂她。我也很委屈，我是為了她好，我們每個人都活在自己的認知裡。還有一句父母對兒女說的經典話語──「爸媽都是為了你好」，你是不是經常掛在嘴邊？

企業經營也是如此。我們總是自說自話地介紹自己的產品，至於是不是消費者想聽的、能不能讓消費者記住，我們卻很少關注，這會導致我們與潛在顧客的溝通效率降低很多。

4 **買單是最快的破圈方式**。要成為大網紅李白的好朋友，小粉絲汪倫可沒少破費。

屈特說破圈有兩種方式：一是花錢，這是最快的，就是買單、送禮物；二是花時間，陪伴也是一種告白，只是會慢一點。汪倫顯然選擇了快，選擇了買單。高手啊！汪倫，千古留名！

5 **名字要短**。汪倫的名字是兩個字，如果是三、四個字的名字，那李白就要取捨了。記住，取名不要太長，二優於三，三優於四，越短越好。

6 **成功是一場有預謀的精心策劃**。故事、美酒、禮物，一步接著一步。記住這個大原則，你看到的都是我想讓你看到的，你聽到的都是我想讓你聽到的。

7 **你是誰不重要，你和誰在一起很重要**。和誰在一起，決定了你的人生高度。

03 會說話，更會閉嘴

你知道怎麼做一個好參謀嗎？

假設你是職場精英，你的老闆要做品牌，想同時做出三個產品，你跟老闆說：「不能用一個牌子做三個產品，要用三個牌子分別代表三個產品，做出三條賽道才會贏。公司目前資金有限，就不要三條賽道全開，先開一條賽道。」

老闆覺得很扯：「你根本不懂，我們一個牌子就夠了，哪有那麼多錢打三個牌子，而且產品的功能越多，要解決的問題就越多，賣得越好。」

類似的對話在職場上是不是經常能聽到？聽起來，你老闆說的也對，所以他根本不會採納你的建議。

老闆在一帆風順、勢在必得的時候，你很難勸住他，你只要說：「嗯，可以試一下。」等他得意不再的時候，你再站出來：「現在不要急，我可以扶大廈之將傾。」這時候老闆就會說：「靠你了！」

提醒一下各位，勸說老闆並不容易，你能做的是給新產品找個源點市場、源點人群先試一試，一是檢測產品的成熟度，二是了解供應鏈，三則看看是否有負面口碑。當然，還可以減少試錯成本，把損失減到最小。試小錯，是為了幫助老闆實現更大的未來。

如何與老闆溝通、與同事溝通、與合作夥伴溝通，你要拿捏好一個尺度，掌握好什麼時候該說什麼、該說多少。

因為勸人是一門學問，得看人說話，對方的包容性大，你就可以說得多些；如果對方比較排斥，你就應該適可而止。說多了反而變成對立，對立的溝通只會把事情越搞越糟糕。

所以，這時候你的回答就是「先試一試吧」。溝通是有技巧的，你過於反對一個人的時候，他正在興頭上，是不會居安思危的。人習慣於「居危思安」，而「居安思危」是領袖氣質。

我很喜歡天文學，每當自我感覺良好的時候，我就會去看浩瀚的宇宙。在一望無際的宇宙面前，人真的很渺小。

不要過度自我感覺良好，也不要總是想著要糾正別人。

如果對方和你沒有什麼利益關係，那你可以說：「試試吧，滿好的，人總是要有夢想的，萬一實現了呢！」其實，這話的意思是告訴對方，風險自負。

如果你們之間有利益關係，那要清楚表達你的觀點。為什麼？這是「信託」，因為信任所以託付。

如果你是老闆，那你更要明白上頭的話。既要知道對方在說什麼，又要讓員工、合作夥伴暢所欲言。

一個企業要成功，需要面面俱到；但是一個企業要失敗，只要一面不到就完了。

第14章

定位助你逆襲人生

提升認知是人生逆襲的唯一途徑

01
一百天遇見貴人

我在紐約的時候，有次去一家中餐館吃飯，碰到了年輕的服務生，她給我留下了非常好的印象。

我問：「妳來紐約多久了？」

她說：「三年了。」

我問：「妳是來這裡讀書嗎？」

她說：「是的。」

我問：「打工賺的錢夠用嗎？」

她說：「勉強夠用，但不多。」

我說：「教妳一個方法，在一百天內就可以人生開掛，想不想學？」

她問：「收費嗎？」

我說：「不收費。妳今天為我們提供的服務非常好，我免費教妳。」

她說：「那當然願意了。」

我說：「好！首先妳要願意改變，那就有很大的機會在一百天內遇見貴人。」

她說：「我非常願意，請您教我！」

我問：「妳在這裡負責幾間包廂？」

她說：「兩間。」

我問：「每間包廂每天都有客人嗎？」

她說：「中午有時候有，有時候沒有，但是晚上都有。」

我問：「妳分得清楚走進包廂的客人，誰是請客的，誰是被請的嗎？」

她說：「這很容易，一眼就看得出來。」

我說：「從現在開始，妳把大部分注意力放在這兩個人身上，請客的和被請的。」

我問：「你有一點點權利嗎？比如送個小菜呀或小東西之類的。」

她說：「有的，我有這個權利。」

我說：「妳把注意力集中在這兩個人身上，比如留意一下請客的和被請客的人分別喜歡吃什麼，送一點給他們。記住，在送禮物的同時，要說些溫暖的話。有三個要點：第一，最好的禮物就是微笑；第二，在妳的權利範圍內送些菜品、飲料、點心等；第三，如果顧客有意見，不要反駁和解釋，因為越是解釋，顧客越不高興，坦率認錯就好了。」

我繼續說：「假設妳每天晚上有兩桌需要服務，每桌有一個請客的，有一個被請客的，也就是說妳每天晚上能見到四個這樣的人，那一百天內，就能見到四百個人。這些人裡，只要有一個人欣賞妳，讓妳進他的公司、給妳一個好職位，人生就能開掛。妳懂嗎？」

她聽完後，激動到不行：「太感謝您了！您這一番話，比我讀十年書還有用。」

我相信，如果這個小女生能夠堅持這個最簡單的方法，一百天就會遇見她人生中的貴人。任何一個人，如果你能領會這三個要點，相信人生際遇也會隨之不同。

02
先選城市還是先選專業

關於大學怎麼填志願的問題，很多人都是先選專業科目，再選學校，最後選城市。

完全反了！應該先選城市，後選專業。

最近馬斯克到中國大陸走了一圈，回美國以後，特斯拉的市值猛漲2000億人民幣，重回世界首富之位。馬斯克到中國大陸後，去了哪幾個城市呢？北京、上海、廣州、深圳，都是主要的大城市。

在北京，你走在馬路上，走到某間大學，走到某個大一點的公司，迎面突然走過來的可能就是馬斯克或另一個馬斯克。這些企業家很有可能到這裡的公司商談合作，或去某個大學演講，你買張票進去就能見到他們。

如果你選的大學在三、四線城市，那可能你讀大學的四年期間連個500強企業的企業家都見不到，更別說馬斯克了。記住，首選去大城市為佳。因為在大城市，什麼事情都可能發生。你人在上海、深圳的路上，搞不好和你撞個滿懷的可能是個億萬富翁，被你踩了一腳的有可能是個10億富豪。

在成功人士多的城市裡轉轉，你離成功會更近。有人說要逃離大城市，回到家鄉去奮鬥，其實大城市是最好奮鬥的地方。你要想的，不是逃離大城市；你要想的，是怎麼在大城市裡奮鬥出成績。

如果可以的話，建議先選全國GDP排名前十的城市裡的大學，如此你會遇到最頂尖的教授、傑出的企業家、無限潛力的學長學姐，萬一碰到厲害的人賞識，給你一個機會，命運的齒輪就開始轉動了。

你說你才華橫溢，相信是金子總會發光的，但前提是「要有人欣賞你的才華」。大城市裡的名人、大人物多，伯樂也多住在大城市裡。

選大學也是這個邏輯，越是好的大學，各界名流來得越多，水準高的老師、同學也多。我建議選擇的順序就是：城市→大學→專業。

03
不要對身邊人炫耀

無論你取得了多好的成績，記得千萬不要跟身邊的人炫耀，因為沒有人希望你比他過得好，希望自己比別人過得好是人之常情。

人們常做的傻事，就是告訴姊妹淘或兒時玩伴自己多有錢。「哇，你今年賺了100萬，挺多的。我才賺了300萬。」這時你的姊妹淘心裡會有反應。

比如你問兄弟：「今年賺了多少錢？」他說：「我虧了10萬。」你說：「哎呀，我滿幸運的，賺了300萬。」這時你兄弟會不爽，因為越親近的人越有比較心。

所以，在你的生意做起來之後，千萬不要買輛名車回家過年，那樣是給自己惹事。也千萬不要因為買了一間豪宅，見誰就說：「你買房了嗎？我買了」，甚至連價錢也說了，記住千萬別跟身邊的人炫耀。

當然，爸爸媽媽例外，夫妻例外。孩子也要少說，兄弟姐妹也不要多說。因為一般來說，父母是不會嫉妒你賺得多的，老婆和老公是利益共同體，賺得越多越好。但對於其他人，你千萬別炫耀，否則別人心裡可能就會有各種化學反應。

那怎麼辦呀！有人說：「我是個普通人，賺錢了就想炫耀一下，怎麼辦？」

那你就找一輩子只會見一面的人炫耀吧。人生中遇到的大多數人都是這樣的，見的第一面也是見的最後一面。

假如你生活在南方，你就跑到北方去，或者乾脆跑到國外去，那個地方的店員、餐廳服務生、路上行人等，應該就是你今生只見一面的人，你在他面前可以任意炫耀。

他賣你一瓶酒，100元人民幣一瓶，你可以說：「這麼便宜啊，檔次太低了，後面再加個零還差不多。」這樣你的炫耀慾望就抒發出來了。當然，要注意安全，炫耀容易招嫉妒和煞氣。

04
普通人的逆襲從地板開始

普通人家出生的孩子，如果要想逆天改命，有個最基本的前提，就是不能太在意自尊。寒門出貴子的前提就是把自尊心收起來，這是重要的第一步。

第二步就是看清形勢，你的目標是到天花板，那怎麼做呢？

有個最簡單的方法，就是你要具備一個寒門逆襲的能力，見面三秒就讓對方喜歡你。

其實，這並不容易做到，因為大多數人都有一個過不去的關卡，就是自尊心。「有什麼了不起，我是沒錢，但我也不稀罕你。」但這是一個要命的認知。

有人會說，富不過三代。可是，貧窮代代傳。

你要做的就是認同他，走進他的戰壕，跟他做同一個戰壕的人。

那要怎樣可以走進去？就是見面三秒讓他喜歡你。你要學會讚美、學會送禮物、學會不反駁。光是這三點就可以讓你無所不能。

普通人的逆襲往往是從地板開始的。

05
用事業成就友誼

別用兄弟友誼去開創事業，要用事業去成就一生的兄弟友誼。

成年人的世界其實非常簡單。長大以後，很多人會發現自己和兒時玩伴或姊妹淘走著走著就散了，為什麼？就是因為你們兩個之間沒有共同利益、沒有關聯了。

我們公司春節放假十四天，我前七天在老家，後七天在惠州。在惠州過年時，有朋友會開車一兩百公里跑到惠州來，只是為了一起吃頓飯。

惠州的海鮮很不錯，但你覺得海鮮有那麼好吃，值得他開車一兩百公里到惠州來？有一個簡單的原因就是：去年我們合作賺錢了嘛！這種美好的感覺，值得驅車前往。

他說：「顧老師，你到惠州了，我得請你吃頓飯。」

我說：「算了吧，這麼遠，別來了，過年期間容易塞車。」

他說：「不遠，不就兩百公里嘛！」

其實，見面聊感情是原因之一，聊聊來年計劃怎麼賺錢才是重點。

會讓成年人之間永遠聯繫在一起的不是感情，而是共同利益。一起拚、一起掙錢，就是一輩子的好兄弟。

定位就是聊個天

讀透定位＆溝通的底層邏輯，為你開啟財富之門！

作者　顧均輝
封面設計　FE設計
內頁設計排版　TODAY STUDIO
文字協助　林映華
責任編輯　蕭歆儀

總編輯　林麗文
主編　蕭歆儀、賴秉薇、高佩琳、林宥彤
執行編輯　林靜莉
行銷總監　祝子慧
行銷企劃　林彥伶

出版　幸福文化出版／遠足文化事業股份有限公司
地址　231 新北市新店區民權路108-1號8樓
電話　02-2218-1417
傳真　02-2218-8057

發行　遠足文化事業股份有限公司
（讀書共和國出版集團）
地址　231 新北市新店區民權路108-2號9樓
電話　02-2218-1417
傳真　02-2218-1142

客服信箱　service@bookrep.com.tw
客服電話　0800-221-029
郵撥帳號　19504465
網址　www.bookrep.com.tw

法律顧問　華洋法律事務所 蘇文生律師
印製　宇禾文化事業有限公司

出版日期　西元2025年10月 初版九刷
定價　450元
書號　0HDC0103
ISBN　9786267427736
ISBN　9786267427842（PDF）
ISBN　9786267427859（EPUB）

國家圖書館出版品預行編目（CIP）資料

定位就是聊個天：讀透定位＆溝通的底層邏輯，為你開啟財富之門！／顧均輝著. -- 初版. --
新北市：幸福文化出版社出版：遠足文化事業股份有限公司發行，2024.08　304面；17×23公分
ISBN 978-626-7427-73-6（平裝）　1.CST：商業管理 2.CST：策略規劃
494.1　113006883